多発する人造地震

人間が引き起こす地震

島村英紀

花伝社

多発する人造地震——人間が引き起こす地震◆目次

前書き

人間の活動が地震を起こす例が増えている。

「図らずも」人間の活動が起こしてしまった地震がいちばん多く報告されているのは、シェールガスやシェールオイルの採掘である。そこで用いられている水圧破砕法が地震を誘発しているのだ。シェールとは、泥や土が堆積《たいせき》してできた頁岩《けつがん》(英語でshale)層のことで、この地層に含まれるガスがシェールガス、原油がシェールオイルだ。頁岩層は地下数百〜数千メートルにある。

しかし、それら以前にも、堤高の高いダムを作ったために地震が起きた例が世界中で報告されている。地下核爆発が地震を起こした例も少なくない。また、水圧破砕法が用いられるようになる以前の、旧来の手法による石油採取でも地震を起こしていたのではないかという研究もある。

一般向けに、科学者がきちんとした科学的見地から、この問題についてまとめた本が出版されたことはない。本書は、その最初の本になる。

世界各地に人造地震が起きていて、日本でだけ起きないという理由はあるまい。しかし、地震学では国際的にも高い研究レベルを誇り、地震学者の数も世界最多である日本でのこの種の研究は進んでいない。

本書に書くように、日本の地震学者が発言しないのには理由がある。

第一に、日本ではふだん起きる地震のレベルが高いので、この種の人造地震が起きても、ふだんから起きている地震との区別が難しいのだ。これをいいことに、たとえ人造地震が起きても、それを自然に起きた地震だということにするのは可能である。こうして、日本で起きているかも知れない人造地震は、すべてが自然に起きる「自然地震」とされてきた。

第二に、日本では政府も電力会社も、この種の研究を好まないことがある。研究予算としては民間のソニーもトヨタも頼れない地震や火山の研究では、国の予算しか頼るものはない。研究費を縛られるため、日本ではこの種の研究がほとんどないし、専門家も育たない。またそれゆえ、政府の意に染まない研究はとてもやりにくいのである。

欧州や米国など、先進国の地震学会ではこの種の研究が進んでいて、研究書も出されているのと比べると、日本はずっと後れているのだ。

ところで、こうした人間による地震の発生は、各種の陰謀論と結びつきやすい。ネットなどでは、そうした論や情報があふれている。

電磁波によって天候を変えたり、地震を起こしたり、火山を噴火させたりするという「地震兵器」や「HAARP」という言葉がネットで踊っている。だが、この本では、地震学的にはあり得ないことなので、この種の記述はしていない。

序章　世界各地で「人造地震」

このところ、人間が起こした地震が世界的に増えている。しかし、この種の地震には、いまだ一般的に知られた名前はない。私は「人造地震」と言っているし、「人為的地震」という言い方もある。学術用語としては、英語で誘発地震 induced seismicity という。

似た言葉に「人工地震」があるが、これは第10章に書くように、地震学の用語としてすでに定着していて、人工的に振動を起こして地球の中を調べる学問の手段のことである。つまり、「図らずも人間の活動が起こしてしまった地震」とは別のものだ。

この本では、世界各地で行っている開発や生産活動が、知らないあいだに地震の引き金を引いてしまうことを扱う。

二〇一七年秋に米国の権威ある科学雑誌『Seismological Research Letters』に掲載された論文によると、過去一五〇年の間に、人間の活動が原因の地震は七二八ヶ所で起きた。

大半は地震活動がほとんどなかった地域だった。

だが、日本のようにふだんから地震が多いところでは、この種の地震が区別できないことが多いから、実数はもっと多いだろう。

世界中で最も多い人造地震の原因は、シェールガスやシェールオイルなど資源の採掘だ。論文によると、これらで二七一ヶ所で地震が起きた。

シェールオイルやガスの採掘には「水圧破砕法」が使われる。この方法は、水、化学薬品、砂を混合した液体を高圧で地下へ注入して石油やガスを取り出すものだ。

この水圧破砕法では、圧入した液体が石油やガスを地表へ押し上げると同時に、化合物が含まれる地下水が大量に排出される。この廃水は有毒なものだ。

水圧破砕法が引き起こす地震には、高圧で地下へ液体を圧入して地震を起こす直接的なものだけではない。作業で排出される廃水は再び地中に高圧で戻されるので、さらに奥深くにある岩盤の断層を滑りやすくしてしまうために地震が起きる。

水圧破砕法による掘削が盛んに行われてきた米国オクラホマ州は、もともと地震が少なかった地域で、日本とは違って先天的な無地震地帯だった。

しかしオクラホマでは、水圧破砕法を使用後、年間数百回もの小規模の地震が起きた。

図①　2011年、米国オクラホマ州での人造地震による地震被害。生まれてから地震を感じたことがない人々が地震に遭った。（出典：Wikipedia）

水圧破砕法による掘削が盛んに行われてきた同州では、以前は地震がほとんどなかった地域で、日本とは違って、そもそもは先天的な無地震地帯だった。

しかしオクラホマでは水圧破砕法を使ってから、年間数百回もの小規模の地震が起きた。水圧破砕法以前、つまり一九七八年から二〇〇八年に観測された地震は年平均二回だったのに、水圧破砕法が使われるようになって以後の二〇一四年の一年で六〇〇回近くに、二〇一五年には九〇七回にまで跳ね上がった。

同州では二〇一一年に、マグニチュード五・六の地震が発生して、被害も出ている。同州では過去最大規模の地震で、煙突が倒れるなどの被害があった。生まれてはじめて地震を経験した人も多かった。これらの地震で訴訟も起きている。

水圧破砕法の用途は、シェールガス・シェールオイルの採掘に限らない。後述するように、最近は二酸化炭素を水圧破砕法によって地中に圧入することで、地球上から二酸化炭素を減らすといった仕組みの装置も増えている。

大気中の二酸化炭素を地下に貯留する「温室効果ガス隔離政策（GCS）」が、地球温暖化対策として行われはじめているのだ。これには米国だけではなく、日本を含む世界各国が動き出している。これは、日本ではCCSといわれている。CCSとは「二酸化炭素の回収貯留実験」のことだ。

だが、この方法で、つまり地下深くに温室効果ガスを圧入することで、新たなリスクが生まれている。

テキサス州では二酸化炭素を油井に圧入するガス圧入法を、二〇〇四年から採用しはじめた。温室効果ガスを減らすためだけではなく、二酸化炭素が溶け込むと石油が膨張することから、その回収が容易になるという利点を狙ったものだ。しかしその直後から、テキサス州では地震が増え始めた。

このほか、二〇一七年秋に発表されたこの科学雑誌の論文では、ダムを作ったことで地震が起きたのが世界で一六七ヶ所、核爆発が起こした地震が二二ヶ所、工事現場での地震も二ヶ所で確認されている。

人間が地球に何かをすれば、それが地震という形で帰ってくるのである。

ところで、この本で後述するように、いまの学問では、人間が行った作業が人造地震を引き起こしたメカニズムは明確にはまだ得られてはいない。そもそも地下深部での地震の発生がよくわかっていないせいだ。

しかし、人間が起こした地震という状況証拠は多い。まったく関係がなかったということもまた、もちろん証明できないのである。

第1章　はじまりは一九六二年、でももっと前にも

●一九六二年、放射性廃棄物を深井戸に捨てて

人間が地震を起こすことが最初に分かったのは一九六二年のことだった。

米国中央部にあるコロラド州で、始末に困った放射性廃液を三六七〇メートルもの深い井戸を掘って捨てた。厄介モノを捨てるにはいい方法だと考えたに違いない。場所は、米空軍が持つロッキー山脈兵器工場という、軍需工場である。

このロッキー山脈兵器工場は、米国の化学兵器製造センターだった。ここはナパーム、サリン、VXガスなど大量の軍用化学兵器を製造する工場で、米国最大の化学兵器貯蔵施設でもあった。いまは世界的に禁止になっているものも多いが、これらの化学兵器の製造

図② 防毒服を着てウサギを入れたカゴを持ってサリンのガス漏れがないかチェックしている。残酷なことをするものだ。ロッキー山脈兵器工場で。ここは米国最大の化学兵器工場だった。(出典：Wikipedia)

は、一九六九年まで続いた。

ここで井戸に圧入した水量は一日に二万トンほどだった。すると、それまで地震がまったくなかったコロラド州に地震が起きはじめたのだった。

多くはマグニチュード四以下の小さな地震だったが、なかにはマグニチュード五を超える結構な大きさの地震もあった。生まれてから地震など体験したこともない住民はびっくりして、地元では大きな騒ぎになった。

工場では一九六三年九月末に廃棄を止めてみた。すると、翌一〇月からは地震は急減したのだ。だが、廃棄を続けないと工場が困る。一年後の一九六四年九月に圧入を再開したところ、地震は再発した。

それればかりではなかった。水の圧入量を増やせば地震が増え、減らせば地震が減った。一九六五年の半ばには圧入量を増やし、最高では月に三万トンとそれまでの最高に達した際には、地震の数も月に約九〇回と、それまででいちばん多くなった。

量だけではなく、圧入する圧力にも関係があった。圧力をかけずに自然に落下させたり、あるいは最高で七〇気圧の水圧をかけて圧入したりしたが、圧力をかければかけるほど、地震の数が増えた。

このまま圧入を続ければ、やがては被害を生むような大きな地震が起きないとも限らないため、この廃液処理は一九六五年九月にストップせざるを得なかった。

さて、地震はどうなっただろう。一一月のはじめには、地震はなくなってしまったのだ。水を圧入したことと、地震の発生の因果関係は明らかであった。

地震の総数は約七〇〇〇回、うち有感地震は七五回起きた。

この深井戸は廃液が入ったまま二〇年あまりも放置されたが、一九八五年には穴を埋められて永久に封印された。工場も解体・廃棄された。

●近くで行われた実験でも人造地震

同様の人造地震の例は、コロラド州レンジリー油田でも起きた。ここでは石油の掘削井戸で一九六〇年代から一九七〇年代にかけて注水実験が行われたが、水圧がある値を超えると地震の数が急増したのだ。

場所は軍需工場があったのと同じコロラド州だが、この油田は西部にあるレンジリーというところにあり、実験に使われたのは、使われなくなった油田の井戸だった。

この油田で、深い石油の井戸に水を注入したところ、やはり地震が起きたのだ。

このときには、軍需工場での廃液処理の前例があったために、地震との関連を詳しく見ることになり、計画的に水の注入と汲み上げが行われた。また、井戸のまわりには多数の地震計が置かれ、地震が監視された。

じつは、水の注入は原油の産油量を増やすためによく行われることだ。このときも、水を注入したときには地震の数は月に十数回になり、最大の地震のマグニチュードは四を超えた。そして、水を汲み上げたときには、明らかに地震は減った。また、水を注入する圧力がある閾の値を超えると、地震が特に増えるようであった。

そして、注水の実験が終わった一九七二年以後は地震の数は明らかに減ったのだ。

では、地下ではなにが起きていたのだろう。

岩の中にひずみがたまっているとき、水などの液体は岩と岩の間の摩擦を小さくして、滑りやすくする。つまり地震を起こしやすくする働きをするのだ。岩盤の割れ目を伝わってしみ込んでいった水が岩の間隙圧を上げ、それによって実効的な封圧が下がって、岩の破壊強度が下がって地震を起こしたのではないかと思われている。

今回、放射性の廃棄物を圧入したことは地震に関係がない。それを運んだ水が犯人だったのだ。水が、地下のエネルギーを解放する「引き金」を引いてしまったのである。

もちろん、大きな地震のエネルギーは、大発電所が作るエネルギーの一〇〇年分よりも大きなものだから、ゼロから地震を起こしたわけではない。だが「引き金」としては十分だったのだ。

今回地下に圧入した廃水は六〇万トンだった。引き起こされた地震の震源は、井戸から半径一〇キロメートルの範囲に広がり、震源の深さは一〇キロメートルから二〇キロメートルに及んだ。これは井戸の深さの数倍も深い。

震源が井戸より深かったのは、人間が入れた液体が岩盤の割れ目を伝わって深いところにまで達して、そこで地震の引き金を引いたのかもしれない。あるいは、長い列車の後ろを押すと、いちばん前までの全体が動くように、注入した水の圧力が深くまで伝わったせいかもしれない。

●じつは二〇世紀の前半から

米国カリフォルニア州南部に、ロサンゼルス盆地が拡がっている。石油の採掘で有名で、

図③　在来型の石油を汲み上げるための油井ポンプ。巨大な鳥の形をしている。ロサンゼルス盆地には多い。
（出典：Fichier:Pferdekopf-Pumpe by Kuebi = Armin Kübelbeck（commons. wikimedia.org）under a attribution-share alike 3.0 unported（cc by-sa 3.0））

石油を汲み上げる巨大な鳥のような装置、油井ポンプが並んで風景を作っているところだ。

ここで昔起きた大地震五個のうち四つは、石油と天然ガスの掘削活動が原因だったという論文が、二〇一五年、権威のある米国地震学会誌『Bulletin of the Seismological Society of America』で発表された。

近年はシェールガス・シェールオイルや石油の水圧破砕法による採掘が地震を起こすことが明らかになりつつあって、後述するように、米国でも社会問題になっている。水圧破砕法とは、前述の通り、高圧の化学薬品を地下に圧入して岩に割れ目を入れて取り出す手法だ。

しかしこの二〇一五年の発表で示されたのは、シェールガスやシェールオイルを水圧破砕法で掘削するより前、二〇世紀の前半に起きた地震に関する研究結果だ。

この研究は、これまでの地質調査や石油業界のデータをはじめ、当時の政府機関の記録や新聞記事などを詳細に調べたものだ。その結果、当時起きていた五つの大地震のうち四つについても、人間の活動が原因で起きた嫌疑が深まったというものだった。

従来の石油掘削は、地下の原油やガスを深井戸から取り出すだけの仕組みだ。それでも、過去に大地震を起こしていたというのがこの研究だった。

石油掘削があちこちで行われているロサンゼルス盆地では、当時いくつもの大地震が起きて被害を生んでいた。一九二〇年のイングルウッド地震、一九二九年のウィッティア地震、一九三〇年のサンタモニカ地震、一九三三年のロングビーチ地震だ。

どれもマグニチュード六前後の大地震で、学校やショッピングモールが大きく損傷するなどの被害が出た。

なかでもロングビーチ地震がいちばん大きく、マグニチュード六・四。一二〇人の犠牲者を生み、被害総額も一九三三年当時の金で約五二億円にもなった。

ウィッティア地震でもマグニチュード五・九を記録、八人が負傷し、ウィッティア・アップタウンにある歴史的な建物に大きな被害を与えた。震源はウィッティアの北北西一〇キロメートルだった。

この盆地に石油ブーム時代が訪れたのは、二〇世紀のはじめだった。すでに一〇〇年も前から、ロサンゼルス盆地の各地で石油の掘削が始まっていたのである。

最近までは、まさか石油の掘削が地震を引き起こすとは思われていなかった。米国一般には地震がないが、カリフォルニア州とアラスカ州にだけは地震があることが知られていて、これらの地震も、その仲間の自然に起きる地震だと思われていたのである。それゆえ、もちろん訴訟も起きなかった。

しかしもっと近年になって、一九八三年に米国カリフォルニア州で起きたコアリンガ地震（マグニチュード六・五）は、大油田の下で起きたかなりの地震で、その余震域が油田の広がりとほとんど一致していた。

余震域の拡がりは、本震の断層面の拡がりと一致していることが多い。原油の汲み出しによって地殻にかかる力が減った分と、ちょうど同じだけ地震のエネルギーが解放されて地震が起きたのではないかという研究があり、この地震も人造地震ではなかったかと考えている地震学者もいる。

　英国とノルウェーが石油を採掘している北海油田は、いまのところ、従来の手法だけで採掘している。いまだ目立った地震は起きていないが、この油田は海底にあり、もし大きな地震が起きて原油の流出でも起きたら、大きな環境問題になりかねない。

　このため、ノルウェー政府は、北海油田の近くで起きる、ごく小さな地震の監視も始めている。

第2章　世界各地のダム地震

●最大の被害はコイナダム

ダムが地震を起こすことは、世界各地で知られるようになった。

大きな被害が出たものに、インド西部にあるコイナダムの例がある。コイナダムは、大昔に地下から吹きだしたマグマが作った、洪水玄武岩の台地に作られた。

一九六七年にインド西部でマグニチュード六・三の地震が起きて、一説には二〇〇〇人もが死傷した。別の説によると一七七人が犠牲になったほか、二三〇〇余人が負傷したという。この地震はコイナダムという巨大なダムを造ったことによって引き起こされたというのが、地震学者の定説になっている。

ここも米国コロラド州と同じく、ふだん地震が起きないところだった。しかし、一九六二年にダムが完成してから、マグニチュード四クラスの地震が起き始めた。このために地震計網が設置された。

これらの地震は、ダムとそのすぐ近くの二五キロメートル四方の限られた場所だけに起きた。しかも、ダムの周囲一〇〇キロメートルで地震が起きているのはここだけだった。震源の深さは六から八キロメートルで、ダムの高さは一〇三メートルだから、ダムの底よりもずっと深いところで地震が起きたことになる。

貯水が始まってから五年目の一九六七年になって九月にマグニチュード五を超える地震が二回起きて局地的な被害を生じた。そして、一二月にマグニチュード六・三の大地震が起きて、二〇〇〇人もが死傷した大きな被害を生んでしまったのであった。

その後もマグニチュード五を超える地震が数回起きているが、いずれも、ダムの水位が一週間あたり一二メートル以上と、急激に上がったときに起きたことが分かっている。

ここでは地震の観測が継続的に続けられていて、雨が降ると小さな地震が増えるという関係も見られていた。雨が降ると貯水量が増え、それが小さな地震を増やすのだろうと思われていた。

図④　大西洋中央海嶺上にあるアゾレス諸島にある火山の火口。ここでは雨が降ると地震が起きる。写真に見られるように、アゾレス諸島では島中にアジサイが咲いている。＝島村英紀撮影

雨といえば、大西洋のまん中にあるアゾレス諸島では、雨が降ると地震が起きる。島の山頂にある火口付近に雨が降ると、約二日後に小さい地震が起きるのである。いままでに被害を起こしたことはない、人間が感じる程度の地震だ。つまり火山のカルデラに雨がしみこみ、その地下水が地震を起こすのである。

アゾレス諸島は七つの島からなっていて、大西洋中央海嶺上にあるが、そのどれもが火山島である。島にある山頂上に登ると、足下に深い火口がぽっかり口を開けていて足がすくむ。

アゾレス諸島はポルトガル領の島で、

島民は漁業や農業で暮らしている。地球上では日本の反対側に位置するが、日本との縁は浅くない。この島に上がったマグロの多くは、遠く日本まで運ばれる。いちばん高く買ってくれるのは日本だからである。逆に、早く育ってまっすぐな杉の木は用材として重宝するので、日本から導入されたものが島の各地で栽培されている。

雨が降ると地震が起きるのは、じつは日本でも似た例がある。京都大学の先生が、兵庫県の山中に起きたごく小さな地震を調べて、雨が降ったあとに地震の数が増えると主張した。そこには山崎《やまさき》断層という活断層が走っていて、京都大学を始め、いくつかの大学が実験的な観測を集中して行っていたところだった。

●アフリカでも、ギリシャでもダム地震

米国のネバダ州とアリゾナ州にまたがるフーバーダムは、高さ二二一メートルもある大きな多目的ダムだ。一九四一年に満水になった。湛水面積は六三九平方キロメートル（六万三九〇〇ヘクタール）、貯水容量は三四四億立方メートルにもなる。

満水になる前、貯水を始めた翌一九三五年から地震が増え、一九四〇年にはマグニ

図⑤　1935 年から貯水を始めた米国アリゾナ州ののフーバーダム。高さは 200 メートルを超える巨大ダムだ。ここで起きたダム地震で、ダムと地震の関係が最初に研究された。写真はダム本体の工事中。（出典：Wikipedia）

チュード五の地震が起きた。地震の震源は地下八キロメートルにあった。ダムの底よりはずっと深い深さだ。

この周辺には一九三五年以前には有感地震はなかったが、ダムを作って以後の一九三六年には二一回、一九三七年には一一六回になり、以後数年間は数十から百回ほどの地震が起きた。このダム地震では、ダムと地震の関係が最初に研究されたもので、一九四五年には研究結果が出版された。

このほかにも、マグニチュード六クラスの地震を起こしたと考えられているダムは世界各地でいくつもある。インドほどの大被害ではないが、いずれも被害を生んだ。

たとえば、アフリカのザンビアとジンバブエの国境にあるカリバダムでは、ダム建設によってできたカリバ湖に、一九五八年から貯水を始めた。川の左岸がザンビア、右岸がジンバブエになる。このダムは発電用で、高さが一二八メートルあり、世界最大の面積、約五一八〇平方キロメートル（五一万八〇〇〇ヘクタール）の人造湖ができた。

一九五五年のダム建設前から近くで小さな地震が起きていたが、一九五八年に貯水が始まってから満水になった一九六三年までに地震が急増し、二〇〇〇回以上の局地的な地震が起きた。

満水になった一九五九年には、マグニチュード五・八の地震が起きて被害が出た。これは、のちに述べる松代群発地震での最大の地震よりも大きな地震だ。

ギリシャでは、クレマスタダムで地震の被害が出た。このダムは一九六五年七月から貯水を開始したが、同年八月から地震を感じるようになり、一一月には地震が急増した。そして一九六六年二月にはマグニチュード六・〇の大きな地震が起きて、被害を生んでしまった。

エジプトでは、アスワンダムの例がある。ダムができてからすぐには地震が起きず、二〇年近くもたってから比較的大きな地震が起きたダムだ。

このダムは、ナイル川の氾濫防止と灌漑用水の確保、そして水力発電のために作られた。このダムによって、一三二平方キロメートル（一万三二〇〇ヘクタール）に及ぶ巨大なナセル湖ができた。総貯水容量は一三二立方キロメートルである。

ダムの建設が始まったのは一九六四年。一九七八年に満水位に達したあと、一九八一年にマグニチュード五・六の地震が起きた。この例ではダム完成から一七年後だったように、すぐに地震を起こさなくても、やがて地震が起きることもあるのだ。

エジプトの三〇〇〇年以上の歴史の中で、このあたりに地震が起きたことはない。史上初の地震を起こしてしまったのだ。

●旧ソ連でも、中国でもダム地震

旧ソ連・タジキスタンでも、ヌレックダムが地震を起こした。タジキスタンを流れるヴァクシュ川に作られたダムで、堤防の高さ三〇四メートルは世界最高である。このダムはタジキスタン最大の一〇五億トンもの容量を持つ。ダム湖の表面積は九八平方キロメートル（九八〇〇ヘクタール）に及ぶ。

ヌレックダムは一九六一年に着工して、一九八〇年に完工した。このダムでは水力発電や農業用の灌漑を行っている。一九九四年段階で、タジキスタンの電力需要四・〇ギガワットのうち、約九八パーセントもまかなっていた巨大ダムである。

ここでは貯水が始まって、まだ水位が一〇〇メートルしかない一九七二年に地震活動が盛んになった。以後も、水位の昇降と地震活動が関連しているのが分かっている。

このほか、高さ一三〇メートルあるフランス・モンティナールダムでも、マグニチュード四・九の地震が起きたことが報告されている。

中国でも、新豊江ダムの例がある。中国・広東省にあるこのダムでは、貯水が始まってすぐの一九五九年一〇月から地震が起き始め、一九六二年八月にはマグニチュード六・一の大地震が起こり、かなりの被害を生んだ。幸いダムは壊れなかったものの、ダムの補強が必要になった。この地震後も小さな地震は活発に起きていて、地震後一〇年で地震の数は二五万回にも達した。

中国ではこのほかのダムでも地震が起きており、一九九三年に着工して二〇〇九年に完成した巨大ダム、三峡ダムでも地震の発生を心配している地震学者も多い。洪水の抑制と電力の供給、それに水運の改善を目指して作られた、ダムの高さが一八五メートル、貯水量が二二立方キロメートルという大きなダムだ。

あとで述べるが、中国で二〇〇八年に起きて八万人以上の死者が出た四川大地震（マグニチュード七・九）は近くに出来た紫坪埔ダムのせいではないかと考えている研究者もいる。このダムは震源からわずか五キロメートルのところにあり、ダムの高さは一五六メートル、最大一一億立方メートル（一・一立方キロメートル）の水を蓄えることができるダムだ。ここに貯えられた途方もない水が引き金になったと考えているのである。

●ダム地震が起きなくても怖いダム

ところで、ダムが起こした人造地震ではないが、地震でダムそのものが壊れることによって大きな被害が生まれることが、世界各地で経験されている。

日本でも、二〇一一年の東日本大震災で二〇ヘクタールの貯水面積を持つ福島県の藤沼ダムが決壊した。

このダムは一九四九年に完成したダムだ。高さは一八メートルと低く、農業用のダムだった。決壊する前年、二〇一〇年には農林水産省の「ため池百選」に選定されていた。

この決壊で約一五〇万トンもの水が流出し、下流にある居住地域を襲った。震源が海岸から遠かったので、東日本大震災での津波は、ほとんどの場所で地震の一時間くらいあとに襲ってきたが、ダムから流出した大量の水は地震後すぐに襲ってきたので、逃げる時間もなかった。

このため下流の長沼地区や滝地区は、死者七人、行方不明者一人、流失もしくは全壊した家屋一九棟、床上床下浸水家屋五五棟という被害を出し、田畑の土壌も多くが流失した。

そのほか二〇一六年四月に起きた熊本地震（マグニチュード七・三）では、山の上にある水力発電所・黒川第一発電所（熊本県南阿蘇村）の貯水施設が壊れ、地震直後に大量の水がふもとの集落を襲った。少なくとも民家九戸が壊れ、二人が亡くなった。

米国でも、一九七一年にカリフォルニア州ロサンゼルスの、すぐ北の郊外にあるサンフェルナンドでサンフェルナンド地震（マグニチュード六・六）が起きたときには、ひやっとする事件が起きた。震源から一〇キロメートルも離れていないところにロアーファンノーマンダムというダムがあった。このダムは地震の三〇年ほど前に造られたものだったが、地震でその内部に大きな地滑りが起きて、もう少しのところでダムが決壊するところだったのだ。

このサンフェルナンド地震は死者六四人を出すなど、カリフォルニアで甚大な被害をもたらした地震の三つの大きな地震のひとつだ。死者のうち四五人は、老朽化した病院の建物が壊れたために犠牲になった。

サンフェルナンド地震は震源が浅く、ロサンゼルスという大都市の近郊で発生したが、被害はロサンゼルス北部の住宅地であるサンフェルナンド地区に限られていた。それゆえ当時はロサンゼルス地震と称されたが、後にサンフェルナンド地震と正式に命名された地震である。

この地震のマグニチュードは六・五だったが、直下型として起きたために、大都市ロサンゼルスとその郊外の交通機関をはじめ、ガスや電話といった都市機能が大幅に麻痺してしまった。ライフライン工学の研究が進められるようになるきっかけとなった地震である。

この地震のときには、たまたまダムの貯水量が少なかったからよかったものの、ダムの厚さがわずか一メートルを残すところまで崩れて、人々の肝を冷やした。約五〇平方キロメートルにも及ぶ下流の住民約八万人があわてて避難したが、もしあと一メートル崩れてダムが決壊していたら、大惨事になっただろう。ダムは、怖いものなのである。

●二〇一七年にもダム近くの一九万人が避難

地震ではないが、二〇一七年にも、米国でダムが決壊する恐れがあるというので、一九万人にも及ぶ周辺住民に避難命令が出されて避難が行われたことがある。

このダムはオロビルダム。渇水が多いカリフォルニア州への水の供給や水力発電や洪水の調節のために作られた。サンフランシスコの北東二五〇キロメートルのところにある。約五〇年前に建設され、ダムの高さは約二三〇メートルあって全米一の高さだ。

現地では珍しい記録的な大雨が降って、上昇した水位を下げるため放水したときに、このオロビルダムの緊急放水路の一部が損壊していることが判明した。巨大な裂け目や、浸食による損傷が見つかったのだ。

だが、大雨によるオロビル湖への流入量が多かったので、放水路が損傷したにもかかわらず放流は継続された。このため、この穴はどんどん広がり、緊急用の排水路があっという間に壊れ始めた。ダムの目的のひとつである洪水の調節に問題が出た。ダムに溜まった大量の水は、やがて下流を襲う恐れがあった。

図⑥　オロビルダムは 1968 年に作られた。カリフォルニア州で 2 番目に大きい人造湖、オロビル湖が出来た。2017 年には決壊の恐れがあるというので近隣の 19 万人に避難命令が出された。（出典：Wikipedia）

カリフォルニア州はもともと雨が少ない。一九五〇～一九六〇年代の古い車がとてもいい状態で走っているのも、カリフォルニア州ならではといえる。私が知っている米国人の家も、絨毯を敷いてある玄関には屋根がなくて空が吹き抜けになっている。

同州では、この二〇一七年の大雨の前には深刻な干ばつが続いていた。しかし、これはカリフォルニアではよくあることだった。庭の芝生に水をまいてはいけないという禁止令が出るのもしょっちゅうだ。だが、二〇一七年のはじめからは一転して珍しい大雨に見舞われていたのだった。

当局はヘリコプターを使って損壊部分の補修を進めた。幸い雨も小降りになったので、避難した住民は帰宅が許され、大事故にはならずにすんだ。

じつは、一九七五年に、このオロビルダムのすぐ近くでマグニチュード六・一の地震が起きたとき、私はたまたま研究打ち合わせのためにカリフォルニア大学バークレイ校に滞在中だった。地震学教室が大騒ぎになったことを憶えている。

この辺でこんな大きな地震が起きることは、それまでは知られていなかった。だが、この地震以後は直下型地震は米国西部にも起きることが分かってきている。一九七五年には地震でオロビルダムは決壊しなかったものの、今後は分からない。

豪雨でダムにたまった水が下流を襲って大事故になった例は、日本でもある。

二〇一八年夏の西日本豪雨では、愛媛県にある国直轄の野村ダムと鹿野川ダムの緊急放流により、肱川が氾濫して八人の死者が出た。これはダムが壊れることを防ぐための緊急放流だったと当局は言う。

日本のどこで起きるか分からない大きな直下型地震が起きたら、いずれかのダムが決壊して大惨事になるかもしれない。

二〇一七年のカリフォルニアの騒ぎで避難したのは二〇万人近い人数だ。大きなダムが決壊すれば、そのくらいの人数が巻き添えになるかも知れないのである。

一九七九年に起きた米国スリーマイル原発の事故では核燃料が半分近く溶融するメルトダウンが発生して放射性物質が外部に漏れた。このときに避難させた住民は一四万人だったから、いかに多いかが分かるだろう。

●イタリアではダムを放棄

ダムで起きる地震が地滑りを起こしてダムをあふれさせ、大被害を起こしたこともある。

イタリア北東部のバイオントダムは、同国北部ベネト州の深い渓谷に作られたダムで、一九六〇年に完成した。堤高二六二メートルは、当時世界最高の高さだった。

しかし、このダムでは貯水開始後、ダムに起因すると思われる地震が頻発するようになった。地震のために地盤が弱くなっていて、水深が一三〇メートルとなった時点で最初の地滑りが発生した。

この地滑りで貯水池が二分されてしまった。このため、二つの貯水池を結ぶバイパス水

図⑦　完成時には世界最高の262メートルというダムの高さだったイタリアのバイオントダム。1963年、地震による地滑りでダム湖で大津波が起きて2,000人以上が死亡する大惨事を起こした。以後、放棄されて、その後は水を貯めていない。（出典：Wikipedia）

路が作られ、ダムとしての機能を維持した。

しかし、その後の一九六三年、記録的な豪雨に見舞われ、九月には貯水量を下げるため放水が行われたが、一〇月九日夜、ダムの南岸の山が二キロメートル以上に渡って地滑りを起こして崩壊してしまった。このため、二・五億立方メートル以上という大量の土砂がダム湖に流れ込み、ダム地点で高さ一〇〇メートルを超す津波を引き起こして、五〇〇〇万立方メートルの水が溢れた。

この濁流はダムの北岸と下流の村々を押し流し、ダムの工事関係者と下流に住む人二一二五人が死亡、五九四戸の家屋が全壊するという大惨事となった。

しかしダム自体は、最上部が津波により損傷した以外ほとんど損傷が無く、現在も水が溜まっていないダムの本体が残っている。

二〇〇八年、ユネスコは国際惑星地球年の一環として、バイオントダムの事故を技術者と地質学者の失敗による「世界最悪の人災による悲劇」のワースト五の一つに認定した。

地下水がどんな仕組みで地震を起こすのかは、まだわかっていない。しかし、地下水は地震のカギを握る有力な「黒幕」なのである。

ダムが地震を起こすのは、ダムに溜められた水が地下にしみ込んでいくことと、ダムに溜められた水の重量による影響の、両方が関係すると思われている。このため、ダムの高さが高いほどしみ込む水の圧力が高く、また水の重量も大きいだろうから、地震が起きやすいと考えている地震学者は多い。

しかし、これらの地震については、まだ研究が進んでいない面が多い。たとえばヒマラヤ地方にあるダムでは、高さ二〇〇メートルを超えるものをはじめ、どのダムでも地震の発生は報告されていない。どこのどういうダムで地震が起きるのかは、まだほとんどわかっていないのだ。

あるいは、ごく小さい地震が起きていたとしても、現地の地震観測網が貧弱で捉えられていない可能性もある。インドのコイナダムでは、ダム建築後、地震が起きだしてから地震観測が始まった。地震観測網がない他のダムでは、たとえ地震が起きていても、分からないことがあるのだ。

●日本でもダム地震？

日本でも、一九八四年に起きた長野県西部地震がダム地震ではなかったかという学説がある。地震が起きる三年前に、震源の真上近くに大きなダムが完成したばかりだったからだ。

このダムは牧尾ダム。一九六一年に完成して以来、中京圏の水がめとして上水道や、工業用水、農業用にかんがい用水を供給しているダムだ。ダムの高さは一〇四・五メートル、御岳湖と命名されたダム湖の総貯水容量は七五〇〇万トンに及ぶ。

昔から尾張丘陵と知多半島は渇水に悩まされていた。とくに戦後になって、名古屋市を中心とした中京圏では人口が急増して、中京工業地帯の拡大で上水道や工業用水の需要が急速に高まっていたためにこのダムが作られた。このダムの完成によって、トヨタの自動車工場や新日鐵住金名古屋製鐵所など、名古屋南部臨海工業地帯は急速に発展することができた。

長野県西部地震のマグニチュードは六・八、地震による地滑りなどで二九人の死者を生んだ。

しかし、あとで述べるように、ふだんから地震が多い日本では、ダムによる地震かどうかは区別がつきにくい。

このほか、一九六一年八月一九日には、岐阜県にある御母衣《みほろ》ダムの南西約一〇キロメートルに震源がある北美濃地震が発生した。このダムは一九六〇年一〇月に本体が完成し、翌月から試験的に貯水を行っていた。このダムは高さ一三一メートル。発電専用ダムで、ロックフィルダム（岩石や土砂を積み上げて作るダム）としては日本有数のダムだ。

この地震はマグニチュード七・〇。死者は八人。山奥で人家の少ない地域に起きた内陸直下型地震だったので、家屋などの被害は比較的少なかったが、人口の多いところではもっとずっと大きな被害になっただろう。

また福井県の九頭竜《くずりゅう》ダムは洪水調節と発電のために作られて、一九六八年に完成した。御母衣ダムと同じくロックフィルダムで、高さは一二八メートル、ダム湖の面積は八九〇ヘクタールある。

このダムが完成した翌年の一九六九年九月九日には、ダムの東約三〇キロメートルに震源があるマグニチュード七・〇の岐阜県中部地震が起きた。地震は美濃中部地震とも呼ばれる。震源はごく浅かった。

過疎地を襲った内陸直下型地震で、局地的には震度が強かった。この地震では山崩れ、崖崩れが多くて死者一人、負傷者一〇人、全壊家屋一戸、半壊家屋五二戸を出した。

●学会までついて来たお役人

日本の学会では不思議なことがある。世界的には、述べてきたように「人造地震」の研究が重要とされていて、国際的な地震学会が開かれるときには、この「人造地震」(英語では誘発地震という)がひとつのセッションになっていることが多い。外国では研究書も刊行されている。

科学技術庁(現文部科学省)の研究所に属するある地震学者がこのテーマで学会発表しようとしたら、事前に内容を役所に見せるように言われたうえ、役人が学会まで発表を見に来たことがある。発表を事前にチェックされるのは異例のことである。

政府や電力会社のような大企業の意に沿わない研究はしにくいのだ。

世界各地で「人造地震」が起きていて、日本でだけ起きないという理由はあるまい。しかし国際的にも地震学で高い研究レベルを誇り、地震学者の数も世界最多である日本ではこの方面の研究者がほとんどいないし、セッションになることもない。

詳しくは後述するが、それには二つの理由がある。ひとつは、もともと地震活動が盛んなところなので、起きた地震が自然に起きたものなのか、人造地震かを見分けることが難しいということである。

もうひとつは、政府や電力会社がこの方面の研究を好まないことだ。このため日本では研究者がほとんどおらず、研究も行われていない。

日本の地震学者たちが使っている研究費のほとんどは政府から来る金、つまり国費で、残りのわずかも、電力会社や損保会社からしか来ていないことも関係している。

じつは電力会社がそれぞれのダムに設置している地震計のデータも、多くは非公開なのである。

●地下水位の変化がスペインで地震を起こした

ダムではなく、地下水位の変化がスペインで地震を起こしたことがある。地震に襲われたのは、同国南東部・ムルシア自治州にある人口約九万人の地方都市ロルカだった。

地震は二〇一一年五月に発生した。建物が倒壊して九人が死亡したほか、一〇〇人以上の負傷者が出た。マグニチュードは五・一だったが、震源の深さは二～四キロと、ごく浅い直下型地震だった。

震源が浅かったために、地震の規模のわりには被害が大きく、スペインでは一九五六年以来の被害地震になってしまった。この都市を中心に地下水のくみ上げが続いて、地下水位は一九六〇年代から約二五〇メートルも低下していた。

地盤が沈下することで年々ゆがみがたまって地震が起きた。

カナダやスペインのチームが研究結果を二〇一二年の英科学誌に発表した。それによれば、局地的な地盤沈下によって地殻に異常なゆがみが生じたという。地震のメカニズムは地下水を汲み上げていない北側の地盤が南側に乗り上がるという逆断層型を示していた。

この研究者たちは「地震が発生しやすい場所で地中に人為的な変化を与えると予想外の影響が出る」と指摘して、水圧破砕法によるシェールガスの採掘や二酸化炭素を地中に貯留する手法など、新たな技術にも警鐘を鳴らしている。

地下水は地下に大きな力をかける。その地下水の量が変化することで地震が誘発されることは十分に考えられる。

じつは東京でも、地盤沈下対策として、かつて盛んだった地下水の汲み上げが一九五〇〜一九六〇年代に段階的に規制されている。このことによって、東京駅の地下水位はこの数十年で二〇メートルも上がっている。

このほか、新宿区百人町では、水位が最も低下した一九七一年と比べると、現在は約四〇メートルも上がっている。墨田区立花でも一九六五年と比べ約五〇メートル、板橋区富士見町でも、同じ期間に二〇階建ての高層ビルに相当する約六〇メートル上がっている。

この地下水位の変化が東京で地震を起こさなければいいのだが。

●松代で起きた日本最大の群発地震

長野県には年に五万回もの有感地震に揺すぶられた町がある。ここでは二年間に震度五の強い揺れに九回も襲われた。この町は長野市の南東にある山間の町、松代《まつしろ》。いまは長野市の一部になっている。

群発地震が始まったのは一九六五年夏。東京よりずっと地震が少ないところだから、一日数回の有感地震でも目立った。

地震は日に日に増え続け、夏には一日数十回だったが、秋には一日に一〇〇回を超えた。人々には不安が拡がったが、翌一九六六年に入ると地震は減りはじめた。やっと峠を越えたかという安堵が人々の心に芽生えた。

だが地震は人々を裏切った。同年三月からは一転、あれよあれよという間に地震の数は増え続け、五月には有感地震は一日約七〇〇回にもなった。地震計だけが感じるもっと小さな地震まで数えれば一日に七〇〇〇回以上。平均五秒に一回というすさまじいものになった。つまり、地面はほとんど揺れ続けていたのだ。

地震の回数が増えるにつれて、大きい地震も混じった。五月には震度四の地震が三七回、震度五も八回あった。震度が五だと、家が倒れる心配がある。夜も眠れない。群発地震から大地震に至った例もあるから、人々の恐れは頂点に達した。

だが幸い、それ以上の大地震は来ないまま、地震の数は再び減りはじめた。六月の有感地震は一日二〇〇回、七月には一日一五〇回ほどになった。

これでも一九六五年秋に大騒ぎになったときより多かったのだが、ようやく終わりに向かっているのではないかという期待が人々の心にふくらんだ。

ところが、まだあったのだ。一九六六年八月からはまた地震が増えはじめ、人々はその月のうちに一日五〇〇回もの有感地震に揺すぶられることになった。群発地震が始まってから一年以上、人々は終わりの見えない地震に翻弄されて疲れきっていた。

しかし、これが最後だった。地震はその後順調に減りつづけ、一年半ぶりにようやく群発地震が始まった初期の水準にまで戻った。

この群発地震のうちで最大の地震のマグニチュードは五・四だった。約六万三〇〇〇回の有感地震など、群発地震の全部を合わせると、マグニチュード六・四の地震一個分のエネルギーになった。

気象庁の松代地震観測所の記録では、この群発地震がほぼおさまった一九七〇年末までに、震度五が九回、震度四が五〇回、震度三が四一九回、震度二が四七〇六回、そして震度一が五万七六二六回というすさまじい数の地震が起きた。人間は感じなくても地震計が記録した震度〇の無感地震まで数えると、一九七〇年末までに観測された地震の総数は六四万八〇〇〇回にもなったのだ。

地震のほかに奇妙なことがあった。一九六六年の春、震源の近くの皆神山《みなかみやま》から途方もなく大量の水が湧き出してきたのだ。夏には毎分二トン近くにもなった。家庭用の風呂を六秒でいっぱいにしてしまう勢いである。

●松代での注水実験で地震が起きた

松代の地下で何が起きたのか分かったのは、その後、研究が進んでからだった。

研究によると、この群発地震は、火山地帯でもない場所に地下からマグマが上がって来ることで起こしたものだった。

マグマは松代町の皆神山の地下に上がってきていた。この山は平地からの比高は二八〇メートル、標高六五九メートルある。そしてマグマは噴火することなく、途中で冷えて固まってくれた。大量の水も、マグマが地下深くから運んできたものだった。

火山がないところだと安心してはいけない。どこにマグマが上がってくるかわからないのだ。世界的にも、火山地帯だと思われていないところで、いきなりの噴火によって火山が生まれる例は珍しくはない。

群発地震は不幸な出来事だった。しかし新しい火山ができて噴火するよりはましだったのかもしれない。

群発地震が終わったあと、深い井戸を掘って、群発地震とはなんであったのかを研究し

図⑧　町内の松代城址から見た皆神山。この山の地下にマグマが上がってきていたのが群発地震の原因だった。＝島村英紀撮影

ようとした。その井戸で各種の地球物理学的な計測をする一環として、水を注入してみたことがある。岩の中に注水すると地震が生じやすくなるという事例を検証するためだった。

このため、日本では初めての群発地震が起きた場所での試錐《しすい》が一九六九年から始まった。皆神山の麓にあって、皆神山の山頂から二キロメートルしか離れていない国民宿舎松代荘が試錐の場所に選ばれ、一九三三メートル（実際の深さは一八〇〇メートル）掘られた。

そして、一九七〇年一月一五日～一月一八日と一月三一日～二月一三日の二回にわたって二八八三トンの水を注入してみた。

その結果、注入地点の真下ではなく、三キロメートル北で、一九七〇年一月二五日ころから急に地震がふえ、この一日で五四回に達した。地震活動は注水中続き、注水後徐々におさまった。群発地震はすでに収まっていて、この地点での地震活動は注水前は一日二回くらいだった。つまり松代でも、水を入れたことによって地震が起きたことが確認されている。しかもこのときは、米国の例よりもずっと低い一四気圧という水圧だったのに、地震が起きた。

実験では、群発地震が終息したあとを狙い、また地震が再発するのではないかとびくびくしながら行った。幸い、被害が出るような地震は起きなかった。

また、一九九五年に阪神・淡路大震災（地震名としては兵庫県南部地震。マグニチュード七・三）を引き起こした淡路島の活断層、野島断層でも、一九九七年、二〇〇〇年、二〇〇四年の三回にわたって注水実験が行われ、やはり地震が起きた。ここも松代と同じく、浅い内陸直下型地震が起きたところだ。

これらの実験から、日本でも、水を地下に注入すると地震が起きることが確かめられたのだ。

第３章　シェールガス開発以来、米国で急増した地震

●いまや地震の米国一はカリフォルニアではない

地震学の教科書には「米国では西岸のカリフォルニア州と北部のアラスカ州だけに地震が起きる」と書いてある。これは自然地震のことだ。

しかし情勢は変わった。二〇一四年六月に米国中西部にあるオクラホマ州で起きた地震の回数が、全米一となったのだ。

オクラホマ州で二〇〇八年までの三〇年間に起きた地震は、ごく小さなマグニチュード三まで数えても二回しかなかった。

だが二〇〇九年には二〇回、二〇一〇年にはさらに増えて四三回の地震が起きた。その

後ほとんど毎年増え続け、二〇一四年の一年で六〇〇回近くに達し、同じ期間でのカリフォルニア州の一四〇回を抜いて、全米一になったのだ。なお、翌二〇一五年にはさらに九〇七回にまで跳ね上がっている。

回数が増えるとともに、規模の大きい地震も混じるようになっている。二〇一一年一一月には、かつて起きたことがない規模のマグニチュード四・〇の地震が発生した。一三〇〇キロメートルも離れたウィスコンシン州ミルウォーキーでも揺れが感じられるほど大きなものだった。

この地震はオクラホマ州では過去最大規模の地震で、一四戸の家屋が倒壊し、煙突が倒れ、高速道路にひびが入り、二人が負傷する被害が出た。この地震被害で訴訟も起きている。

このためこの地震後に、当局は一時、その掘削井戸から半径八キロメートル以内の圧入井で井戸を閉鎖した。

その後二〇一四年七月にもマグニチュード四・三の地震が起きた。このときは地震当日から翌日にかけて七回の地震が相次いだ。棚から物が落ちる、建物に亀裂が入るなど、結構な騒ぎになった。この地震の震源の深さは八キロメートル以内とされ、比較的浅かった。

さらに二〇一六年にはマグニチュード五・八という過去最大の地震も起きた。震源はオクラホマ市から八七キロメートル北東に離れたクッシングで、震源の深さは五キロメートルと、こちらも浅かった。近くに都会があれば、大きな被害を生みかねない規模だ。

米国地質調査所（USGS）の専門家は、「過去半年の地震発生頻度を見ると、さらに大きく破壊的な地震の発生を懸念する理由は十分にある」と警告している。米国地質調査所とは、日本でいう気象庁の役目をしていて、全米に起きる地震や火山の総元締めである。

この二〇一六年に起きた地震の震源は、州都オクラホマシティーから北に隣接するローガン郡にあった。クッシングでは、救急隊が高齢者施設の入居者を近くの体育館に避難させた。一部地域では約二時間にわたって停電が発生した。また、公立学校は校舎などに被害が出ていないかどうかを調査するために休校になった。いままでになかった地震に、地元は大騒ぎになったのだ。

地震の原因は水圧破砕法だ。オクラホマ州では、水圧破砕法で地下から出た水の廃水量が五～一〇倍に膨れ上がると、マグニチュード三・〇以上の地震が急増したことが分かっている。

廃水のほとんどは、現地で「アーバックル地層」と言われる層へ圧入される。すると、

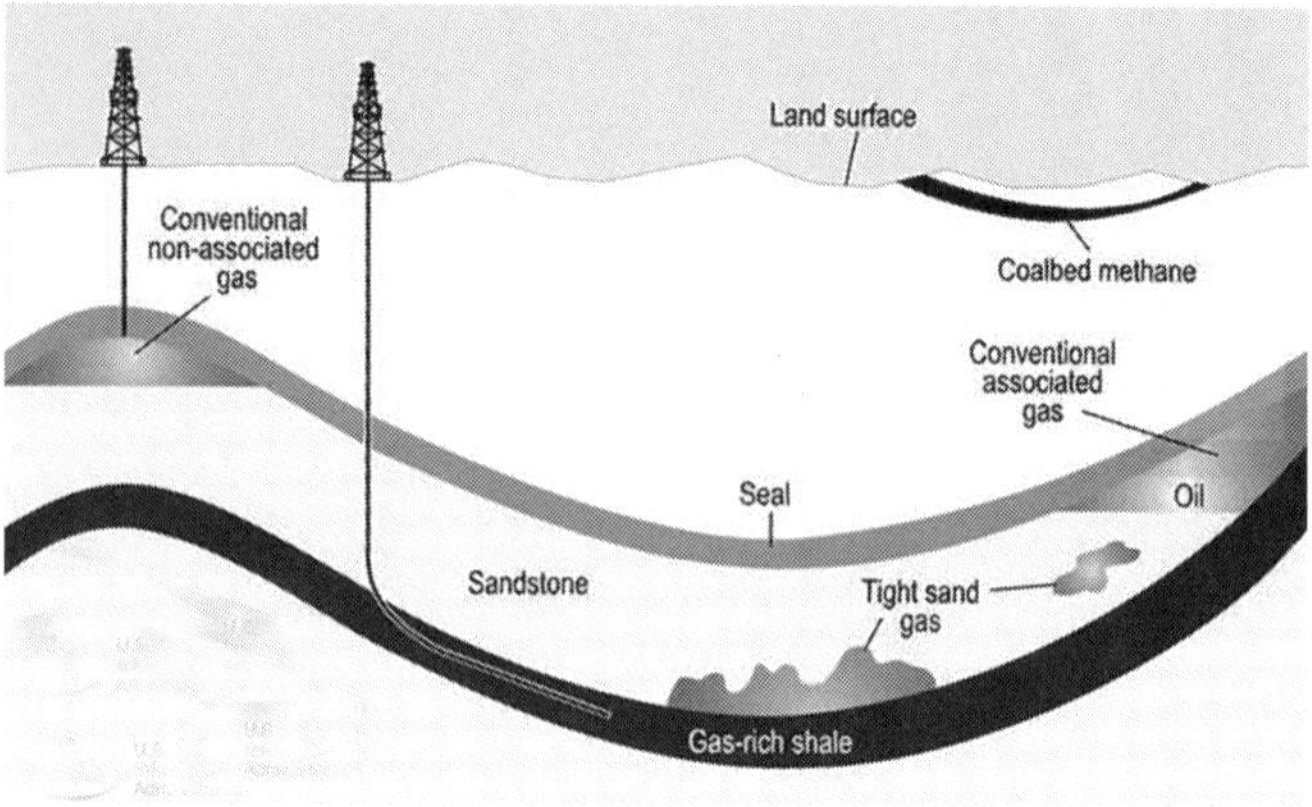

図⑨　シェールガスはこうして取り出す。在来法で汲み上げる方法（図の左の方法）とはまったく違う能動的な手法で、まったく別のガスや原油を採掘する。（出典：Wikipedia）

さらに奥深くにある地震を引き起こす基盤岩の層に水圧が伝わるのだ。

圧入される水の量が増えるほど、ストレスがかかっている断層の間隙水圧が上昇し、通常はしっかりと接着している断層面が滑りやすくなって、地震が発生する。

米国地質調査所の研究者によると、オクラホマ州には、米国人が住み着く前にマグニチュード七規模の大地震を引き起こした断層があり、廃水の圧入や小規模の誘発地震がより大きな地震を誘発してもおかしくないのである。

●オハイオ州でも地震が

米国では二〇一一年にシェールオイルの生産量

が日産一二〇万バレルだったが、二〇一四年には四五〇万バレルへと急拡大した。

オクラホマ州の北東にあるオハイオ州でも、水圧破砕法を使って以来、地震が起き始めている。それも、同州北部のシェールガス井の周辺だけで起きている。

この地域は「ユーティカ頁岩層」と呼ばれる広大なシェール層で、水圧破砕法による天然ガス掘削が大々的に始まったところだ。

オハイオ州の石油・ガス産業では多くを水圧破砕法に頼っている。オハイオ州の推定埋蔵量は最大五五億バレルの石油と四二五〇億立方メートル相当の天然ガスで、その採掘の鍵となる技術が水圧破砕法なのである。

二〇一一年一二月三一日の大晦日には、近年オハイオ州で起きた中でも最も大きいマグニチュード四・〇の地震が起きた。震源はオハイオ州北部のヤングスタウン近郊で、大手の米エネルギー会社が採掘を進める天然ガス井に近い。

じつはこの地震が発生する以前、一二月二四日にもマグニチュード二・七の地震が発生しており、その後、掘削会社はひそかに圧入井を一時閉鎖していた。それでも地震が起きたのだ。

ヤングスタウン圧入井の水圧破砕法による操業開始は、地震から約一年前の二〇一〇年一二月だった。その直後の二〇一一年三月から、地震が発生し始めたことになる。

いままでは負傷者はなく被害も軽微だが、そもそもオハイオ州周辺では地震が発生した記録はほとんどないために、地元では不安が広がっている。このため、この大晦日の地震後には、その圧入井から半径八キロメートル以内の圧入井にまで閉鎖範囲を拡大したのだった。

これらオハイオ州で起きている地震について、米コロンビア大学のラモントドハティ地球観測研究所が行った三次元解析の結果、震源は問題の圧入井の底から約一キロメートルの辺りであった。

この研究では二〇一一年の一一回の地震が分析され、これらの地震のマグニチュードは二・一～四・〇の範囲、震源の場所と圧入井の底の深さがほぼすべての地震で一致することがわかった。

地震と圧入井が関連している可能性は「非常に高い」として、研究者から州当局に報告がなされた結果、当局は圧入井の一時閉鎖を決定した。オハイオ石油ガス協会も、地震の発生原因などがはっきりするまで圧入井を閉鎖することは正しい決定だと受け止めている。

圧入井で使用された液体は地上に戻ってくるが、汚染されているため、別の圧入井に廃棄処理される。地震の原因が完全に確かめられたわけではないが、水圧破砕法の不可欠の一部であるこの種の排水処理が地震を引き起こしている可能性がいちばん高いとの見方もある。

●二〇一一年段階で、すでに二〇世紀の平均の六倍の地震が

米国ではほかにも、二〇一一年にアーカンソー州でも大規模な群発地震が発生、当局は二ヶ所での圧入井の操業を一時停止させている。

また二〇〇九年には、テキサス州フォートワースとダラス周辺の圧入井と、その近辺で発生した地震との関連性を地震学者がつきとめている。

マグニチュード三や四の大きくはない地震であったとしても、震源のごく近くでは大きな揺れとなって、井戸や掘削装置の破壊や環境汚染を起こすかもしれない。

近年シェールガスの採掘が盛んになった米国各地は、いままでに起きなかった地震が頻発している。米国内陸部のアーカンソー州、コロラド州、オクラホマ州、ニューメキシコ州、テキサス州では、マグニチュード三以上の地震が二〇一一年段階ですでに二〇世紀の

平均の六倍にも増えている。いずれもシェールガスの水圧破砕法を使っての採掘が最近盛んになった州だ。

73頁の図⑫にあるように米国には、ウエストバージニア、オハイオ、ペンシルバニア、ニューヨークの四州にまたがる米国最大のシェール層がある。後述するように原油価格が上がれば、これらのシェール層での採掘はさらに盛んになるに違いない。

シェールガスは、化石燃料の中では環境の影響が小さく、また安価なために、当初は「革命」とまでいわれた。だが、その開発にはさまざまなリスクが伴うことを忘れてはいけないのだろう。

便利さだけを追求した技術は、いつかは地球からのしっぺ返しを受けるかもしれないのだ。

●カナダでも人造地震

二〇一五年、カナダの西岸にあるブリティッシュコロンビア州の原油・ガス委員会（石油・ガスの規制当局）は、二〇一四年八月にカナダで起きたマグニチュード四・四の地震が、水圧破砕法が引き金となったものだと断定した。

この水圧破砕法は、同州北東部で操業するマレーシアの国営石油会社、ペトロナスの子会社が行っていたものだ。

そもそもカナダは地震がほとんどない国だ。建築や土木構造物も、日本のような耐震構造にはなっていない。そこでこの地震が起きたので、随分目立って、騒ぎになった。

この地震の前、二〇一四年七月にも近くでマグニチュード三・九の地震が起きたが、この地震も水圧破砕法によって起きたと考えられている。

米国と地続きで地下構造も似ているカナダで、米国で起きているような水圧破砕法による人造地震が起きないわけはないのである。

●米国地質調査所の地震危険度の発表

二〇一六年から米国地質調査所は、米国中部と東部の「地震危険度予測マップ」を変更した。それまでは自然地震（自然に起きる地震）だけを示したマップだったが、このときから、初めて人為的な要因による誘発地震（人造地震）の予測が含められた。人造地震を新たに加えることにしたのは、二〇〇九年以降、中部および東部で、エネルギー産業の活動が関連すると考えられる人造地震の発生回数が急増し、その程度も深刻化しているからだ。

以後、予測は毎年出されるようになったが、たとえば前年に出された二〇一七年までの一年間に、オクラホマ、カンザス、コロラド、ニューメキシコ、テキサス、アーカンソーの各州で暮らす七〇〇万人が人造地震のリスクにさらされるという予測が出た。特に危険度が高いのは、オクラホマ州の中央北部からカンザス州南部の一部にかけての一帯だという。

このマップでは、建物にひびが入ったり、場合によっては倒壊したりする規模の人造地震が起こる確率は、年間五〜一二パーセントとされている。これは、地震が多いことで知られるカリフォルニア州で起きる自然地震の発生確率とほぼ同じだ。

地震の危険度予測マップは、緊急時の対応策や建物の安全基準の作成、保険料の算定などにも使われる。このマップに新たに人造地震の危険度予測が加えられたことで、危険地帯とされた地域に住む住民や自治体は、これまで以上に金銭的負担を強いられることになった。もちろんこれは、事業者が石油や天然ガスを産出する掘削の影響である。

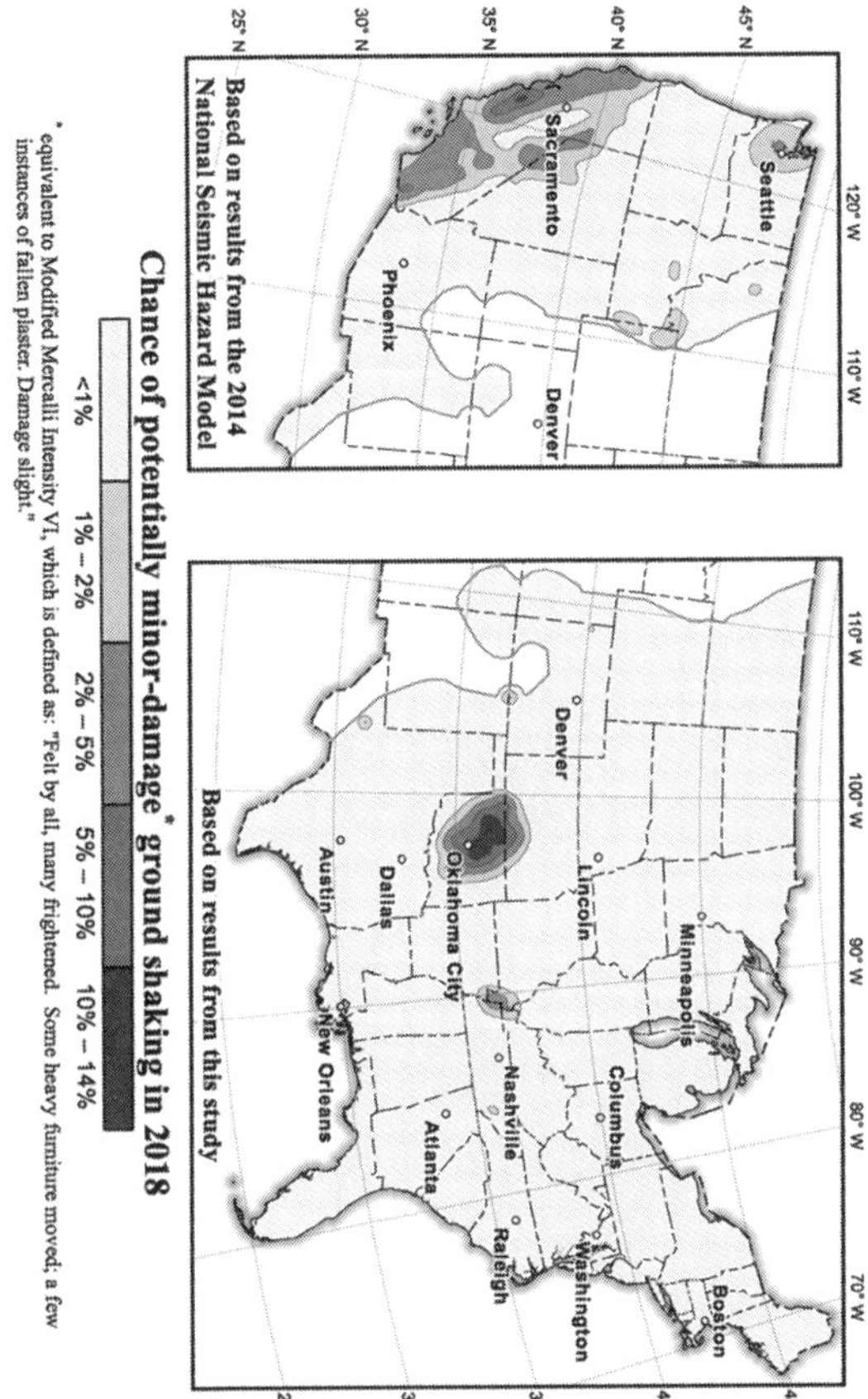

図⑩　米国地質調査所による2018年の地震危険度マップ。2016年から人造地震を加えるようになったので、いままでになかったところで地震危険度が高まっている。
（出典：米国地質調査所ホームページ《https://www.sciencebase.gov/catalog/item/5a8c98d7e4b069906054df7e》より "Chance of Potentially Minor Damage Ground Shaking in 2018."）

オクラホマ州の住民や環境保護団体は、シェールガスやシェールオイルを採掘する事業者の責任追及を求めて動き始めている。地震の保険料は個人の家計から支出すべきものではなく、エネルギー産業界が負担すべきものだ、と怒っているのである。

ところで最近、オクラホマ州では住宅所有者による地震保険への加入率が約一〇パーセントにまで増えた。これは地震州として有名なカリフォルニア州とほぼ同じレベルである。人造地震が起きる前は、オクラホマの地震危険度は低かった。

米国地質調査所の危険度予測マップの更新期間は、これまでのマップは数年に一度だったが、最近では一年に短縮された。いままでは、自然に地震が発生するリスクだけを長期間にわたって予測したものだったからである。

この先も短い改訂が必要だろう。危険性が増えるところもあろうが、オクラホマ州と同じように、人造地震が続いていたオハイオ州などは、逆に地震の回数が大幅に減ることが予測されている。

これは、オハイオ州が廃水の圧入を制限するなど、規制を強化したために、潜在的な人造地震の発生の危険度が低下したからだ。人造地震の危険は、あちらこちらに影響を及ぼしているのである。

●シェールガス採掘は原油価格次第

オハイオ州だけではなく、オクラホマ州でも変化の兆しは見られる。二〇一五年ごろの原油価格の急落で採掘のペースが落ち、これまで人造地震の影響が大きいとされていたオクラホマ州の二五の郡で、廃水の圧入量が減ったからだ。このため、人造地震の増加のペースにも変化の兆しは一時的に見られた。

シェールオイルの掘削は、原油価格の推移に大きく影響される。二〇一五年ごろの原油価格の世界的な急落では、シェールオイルの掘削がコスト割れし、ブームは急速に下火となった。この年に北米で稼働していた掘削装置の数は約六五〇基で、一六〇〇基を超えていた二〇一四年一〇月のピーク時から六割も減った。

このように、一時の掘削ブームが下火になったのは、もっぱら原油価格の急落が原因である。原油価格の国際指標である米国産標準油種（WTI）は、中東産油国などで構成するOPEC（石油輸出国機構）が二〇一四年一一月に減産を見送ったことを受けて、一時は一バレル※＝四三ドル台にまで値を下げた。

市場一般の観測では、ＯＰＥＣの動きは地球環境問題や有限な化石資源を守るためのものではなく、米シェール業界に意図的に価格競争を挑んだというものだ。

ＯＰＥＣは長年、原油の需要量に応じて生産量を調整することによって、国際的な原油価格を維持してきた。

しかし、二〇一四年には原油安に歯止めをかける動きをやめた。ＯＰＥＣの調整で生産が減っても、シェールオイル業者が生産を増やすことで市場占有率が奪われることを警戒したためだ。さらにＯＰＥＣは、二〇一五年五月の総会では、生産目標を高水準のまま据え置いた。これには原油価格の上昇を抑えることで、シェールオイル業者を締め出す思惑があった。原油を巡る両者の主導権争いは激しい。

とくに原油生産量でＯＰＥＣで一位のサウジアラビアは、一九八〇年代に原油価格が下落したときに価格安定のため生産量を減らした。だがサウジアラビアは市場シェアを大きく落としたうえ、価格下落を止められなかった苦い経験がある。

原油生産量でＯＰＥＣで二位のイラクも、イスラム過激派組織「イスラム国」（ＩＳ）との戦闘に必要な資金を調達するため、原油輸出を増やさざるを得なかった。

このように、ＯＰＥＣとシェールオイル生産国は互いにしのぎを削っている。

サウジアラビアなどの産油コストは一バレル当たり二〇〜三〇ドル台とされるが、新興の米国シェール業界ではこの価格よりずっと高く、一バレルが一〇〇ドル程度でなければ採算が合わない業者もあるという。

二〇一五年に原油価格が下がったことで苦境に陥った米国のシェールオイル業界は、シェールオイルの生産量を下げざるを得ず、同時にコスト削減などを進めた。価格競争力を高めることで、生き残りを図るのが狙いであった。

このあおりを受けて、伊藤忠商事は二〇一五年六月、米国でのシェールガス事業に見切りをつけ、同事業から撤退した。天然ガスの価格下落が響いたことで、伊藤忠は二〇一三年三月期からの三年間で、米国でのシェールガス事業に関連して計約一〇〇〇億円の損失を出していた。日本の大手商社がシェールオイル・ガス事業から撤退したのは初めてである。

だが原油価格は、その後、乱高下している。二〇一五年後半には、原油価格は一バレル＝六〇ドル前後まで回復して、稼働しているシェールオイルのリグ数は下げ止まりになった。一時は減っていた人造地震は、また増えるだろう。

そして、米国の原油生産量が二〇一八年に四五年ぶりに世界首位になったことが二〇一九年春に米エネルギー情報局（ＥＩＡ）の報告書で明らかになった。二〇一七年は米国がロシア、サウジアラビアに次ぐ三位だったが、シェールオイルの増産により生産量が二〇一七年から約二割増え、両国を上回ったものだ。

これからも、人間の受給関係と国際政治に、シェールガスの採掘は翻弄されるにちがいない。

※一バレルは約一五九リットルである。

●日本でもシェールガスを輸入

シェールガスやシェールオイルは、述べたように国際政治にもまれている。しかし、長期的に見ると、将来のエネルギーの「期待の星」であるだけに、多くの問題を抱えながら、簡単には死に絶えないのだろう。

一方、日本では、いままで輸入されていた天然ガスは、貯留された砂岩から自噴する在来型の天然ガスである。

二〇一八年から、米国のシェールガス由来の液化天然ガス（ＬＮＧ）輸入が本格的に始

図⑪　秋田県鮎川油田での水圧破砕法を使ったシェールオイル試験採掘。石油資源開発が行っている。原油を取り出すのに成功したと伝えられる。
（出典：石油資源開発株式会社ホームページ《https://www.japex.co.jp/technology/technologies.html》より「鮎川油ガス田における酸処理テストの様子」）

まった。経済産業省・資源エネルギー庁によると、日本のエネルギー事業者が長期契約を結んだ米シェールLNGの調達は二〇一九年以降、年間一〇〇〇万トン規模になる見通しだという。

日本のLNG輸入量はいままでは天然ガスだけで、二〇一七年には八三六三万トンだった。中東諸国や豪州、マレーシアなどからのガスが多く、米国の割合は約一％に過ぎなかった。その状況が米国のシェールガスによって、大きく変わろうとしている。

かねてから日本では、シェールガスを渇望していた。在来型天然ガスよりもずっと多くの場所に存在し、資源量として在来型天然ガスの五倍以上とされているシェールガスを使いたいという要望は強いのである。つまり、「日本で使われるシェールガスが米国で地震を起こす」という構図になるのだろう。

じつは日本でも二〇一四年から秋田県の鮎川油ガス田でシェールオイルの試験採油が始まっている。この試験採油の結果次第では、日本各地に拡大するかも知れない。

日本での規模はまだ小さいためか、諸外国、とくに米国で起きている人造地震などの問題発生の有無はまだ明らかではない。しかし、もっとシェール産業が増えてくれば、各国で発生しているような問題が起きる可能性は充分にある。

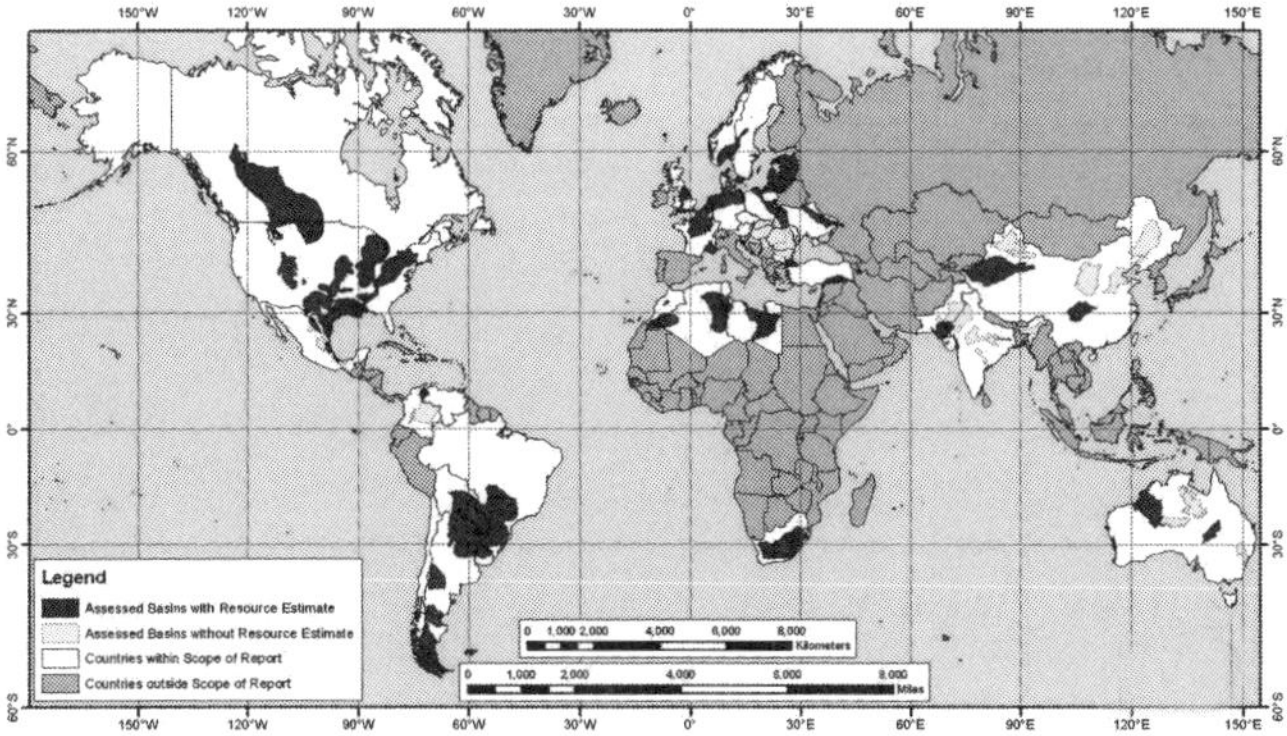

図⑫　世界のシェールガスの分布。黒色のところは今までの調査の結果、シェールガスが発見されたところ。薄い灰色のところは調査したが、なかったところ。白いところは調査したところ。濃い灰色のところは調査していないところ。化石燃料のない場所にも多い。
（出典：Wikipedia）

シェールガスとシェールオイルの将来

二〇一三年、米国エネルギー省エネルギー情報局（ＥＩＡ）はシェール層から採取できる資源によって、世界の原油埋蔵量は一一パーセント、天然ガス資源は四七パーセント増えるとした報告書を発表した。これは、ＥＩＡが初めてシェールオイル埋蔵量を評価したものだ。

発表された見積りでは、世界の原油量は、シェール層の埋蔵資源によって三四五〇億バレル増え、合計三万三五七〇億バレルになる。また、シェールガスの埋蔵量は世界の天然ガス埋蔵量の三二パーセントに相当する約八〇〇〇兆立方メートルにも及ぶとも推計された。

同報告書によると、国別のシェールガス埋蔵量では中国がトップで、推定約一一二五兆立方メートルだという。中国、アルゼンチン、アルジェリア、米国、カナダ、メキシコのトップ六か国で、世界の採掘可能なシェールガス埋蔵量の六〇パーセントを占めている。また現在のシェールガスの採掘法で採算に乗るトップ五は、ロシア、米国、中国、アルゼンチン、リビアで、世界の六三パーセントを占めているという。

このほか、欧州でもシェールガスの埋蔵量は多い。たとえば東欧のルーマニア、ブルガリア、ハンガリーの三か国を合わせたシェールガスの埋蔵量は、東欧最大の約五三八〇億立方メートルにも上るといわれている。

シェールガスやシェールオイルは、いろいろな問題がありながらも、埋蔵量そのものは多いのである。

第4章　原因は「水圧破砕法」

●水圧破砕法とは

シェールガス採掘には「水圧破砕法」という手法が使われている。英語ではHydraulic fracturingという。

この手法は化学物質を含む液体を地下深くに超高圧で圧入して岩石を破砕する手法だ。これによってシェール層に割れ目を作る。そこから層内の原油やガスを取り出したり、後述するように地熱を採取したり二酸化炭素を圧入するための掘削法である。

まず、地中深くまで坑井を掘り、近年に開発された技術では垂直に掘り進んだあとに水平方向にも掘り進んで、そこに化学物質を含む大量の水を高圧で流し込み、人工的に割れ

図⑬　米国で水圧破砕法を行っている深井戸。使われる液体は毒性があるものも含まれ、企業秘密である。
（出典：Well Head where fluids are injected into the ground by Joshua Doubek（commons.wikimedia.org）under a attribution-share alike 3.0 unported（cc by-sa 3.0））

目を作る。次に砂などを混ぜた「支持剤」を割れ目に圧入し、割れ目が自然に閉じようとするのを防ぐ。これを繰り返すことで、ガスや石油の通り道を十分確保し、効率的に採取できるようになる。

岩盤に閉じ込められたシェールガスは、地中深く二〇〇〇から三〇〇〇メートルにあり、これまでその採掘には技術的な壁があった。つまり、昔の技術では採算が合わず、シェールガスを採取できても事業として成り立たなかったのだ。

二〇〇〇年代に入って、垂直に坑井を掘っていた既存の方法から、その後の技術開発によって水平に複数層掘り、何段階も破砕を行って割れ目を増やすことが可能になった。このため、採取できるガスの量が増え、採算に乗るようになったものだ。

圧入する水には、亀裂が塞がらないように微細な砂粒（プロパントといわれるもの）が混入されている。このほか、砂粒の流れをスムーズにする摩擦減少剤、界面活性剤、腐食防止剤、スケール防止剤、バクテリア殺菌剤、酸類など各種の物質が混合されていて、水というより粘りけのある液体である。この液体は「フラクチャリング流体」、または「フラッキング水」とよばれている。混合される物質には、人体に有害なものも含まれる。

ある研究ではラドン、ラジウム、ウラニウムなどの放射能物質や、他に三六〇種類の有毒な化学物質が含まれていることが明らかになったという。もちろん、これらは人体に有害だ。

また、フラッキングに使用された大量の水に含まれている二五〇〇品目の物質のうち六五〇品目からは、発がん性の恐れのある物質が検出されたという報告もある。

だが、どのような成分が調合されているのかは企業秘密で、シェールガス開発業者によっても異なる。

●水圧破砕法の衛生面での問題

シェールオイルやガスの採掘に「水圧破砕法」が使われるとき、圧入した液体が石油やガスを地表へ押し上げるのと同時に、化合物が含まれる有毒な地下水が大量に排出される。このことが各種の問題を引き起こしている。

問題のひとつは、使用した化学物質が地中に堆積して、周辺にある飲料用の地下水に漏れ出すことだ。二〇一〇年には、水圧破砕法を行っている井戸の周辺にある住宅の水道水が黄色や灰色に濁っただけではなく、蛇口にライターの火を近づけると炎が上がるという事故が、米国各地で報じられた。これは天然ガス自体が地下水に漏出したものだ。

ノースカロライナ州のデューク大学が二〇一一年に発表した研究では、ニューヨーク州とペンシルバニア州のシェールガス産地付近の住宅がメタンガスに汚染されていたことが証明されている。二〇〇八年には、オハイオ州の住宅の水道管と地下がメタンガスに汚染されていたケースもあった。

また、大量に坑道に圧入された化学物質を含んだ水が地下に残留し、帯水層に侵入して地下水を汚染したり、水に炭化水素が混入する可能性も高い。

使用した大量の汚水は地表に戻されるが、高濃度で汚染されている。これらの汚水を処理場に運ぶまで一時的に貯めておくタンクや貯水所に亀裂が生じたり、降雨によって地中や地上に汚水が漏れ出すこともある。また、破砕用に何度も大量の水を運び入れるのはコストがかかるので、汚水を次回破砕用に再利用するのが普通だ。これによって化学物質が濃縮されて汚染度がより高まる。このため、再利用を禁止している米国の州もある。

ガスやオイルをとったあと、水圧破砕法で使用した大量の水と化学薬品の廃液の二五〜一〇〇パーセントは、そのまま油井に戻され放置されているのも問題である。

米国には「飲料水安全法」という法律があり、国民が安全な飲料水を得るためのさまざまな規制がある。この法律は、石油やガス用の掘削・水注入により周辺の地下水を汚染しないよう、市民の水を守る規制である。

だが、ブッシュ政権時の二〇〇五年に制定された「エネルギー政策法」によって、この規制に、水圧破砕法を除外する「改正」が加えられた。当時副大統領だったのは天然ガス掘削設備を製造するハリバートン社の元CEO、ディック・チェイニーであり、この法律は「ハリバートンの抜け穴」とも呼ばれている。

このため、全米レベルでの規制はなくなってしまったが、州法で規制がある限り、ガス会社は使用した物質を公表する必要が生じる。このため米国では、いくつかの州や市などの自治体が規制に動き出した。

●いくつかの国で水圧破砕法を禁止

米国内務省は二〇一五年三月、連邦政府の土地でシェールガスやシェールオイルを採掘する企業に対し、地中に圧入する水に含まれる化学物質の開示などを求める新規制を発表した。水圧破砕法が、地下水や土壌を汚染するのを防ぐ狙いである。環境保護団体なども、かねてから環境への悪影響を訴えていた。

内務省によると、米国政府が管理する土地にある一〇万基以上の採掘施設のうち、九〇パーセント以上が水圧破砕法を採用している。

この規制は二〇一五年六月下旬からで、化学物質の開示に加え、油井などの構造を強化して汚染水処理を徹底することも求めている。

こうしてようやく、企業秘密の壁を超えた。内務省は今回の規制で「公衆の健康と環境を守ることができる」と強調した。

他方、石油企業を支持基盤とする共和党議員は「オバマ政権の反開発路線の表れだ」と不満の声を上げているという。

水圧破砕法によって、シェールガスの採掘現場近隣の住民の入院率が高まり、がんの発症リスクも増加するとの研究結果もある。米国ペンシルベニア大学などのチームがまとめたもので、二〇一五年七月に科学誌『プロスワン』に掲載された。有毒な物質も用いる水圧破砕法では、この種の問題が避けられない。

このように化学物質による地下水の汚染の問題のほか、大量の水を使用することによって、その地域の水不足を起こす可能性も問題になっている。

たとえば、ひとつの坑井で水圧破砕法を行うには九〇〇〇〜二万九〇〇〇トンの水が必要で、ひとつのプラットフォームを形成するのに六つの坑井が必要だから、合計五万四〇〇〇〜一七万四〇〇〇トンの水が必要とされる。

また米国環境保護局によると、二〇一〇年に約三万五〇〇〇の油井で水圧破砕法に使った水は、約二六五〇億リットルから五三〇〇億リットルである。これは人口五万人の都市、四〇から八〇個が使用する水の量にあたる。水不足を起こす可能性は高いのである。

これら、水不足や環境汚染、健康面への懸念から、ニューヨーク州では水圧破砕法を禁止した。

また、米国バーモント州やフランス、オランダ、ブルガリアなど欧州の一部諸国やメキシコでも、やはり水圧破砕法を使うことが禁止されている。

フランスには欧州最大のシェールガス田が眠っている可能性があるが、フランス政府は二〇一一年、飲料水への汚染懸念を理由に水圧破砕を禁止した。さらにフランス憲法裁判所は二〇一三年、「政府による水圧破砕の禁止は合憲」との判決を出している。世界中で水圧破砕法への抵抗があるのだ。このため、実質的にフランスではシェールガスの開発はできない。

●欧州各国では水圧破砕法にまちまちな対応

このように、シェールガスの採掘にストップをかけようとする国や、米国内の州が増えてきている。

他方、脱原発に舵を切ったドイツはシェールガスの開発に意欲的だが、問題がないわけではない。ドイツの醸造業者協会は、水圧破砕法によってビールの生産に使用する水が汚染される問題を訴えている。

ちなみに、ドイツ政府は二〇一一年の福島第一原発の事故後、ドイツでの世論の高まりを受けて、いったん延期を決めていた脱原発の方針を復活させた。ドイツ国内の原発は、当時一七基あったが、現在稼働しているのは七基である。

ルーマニアでは二〇一一年に米国シェブロン社がシェールガスの試掘を行うために六〇万ヘクタールの採掘権を取得した。その後、ポンタ首相が二〇一二年五月に政権の座に着くと掘削の一時停止を命じた。

だが、この一時停止命令がその年の一二月に失効して以後、ポンタ首相とライバルのトライアン・バセスク大統領は揃って、欧州におけるシェールエネルギーの主要な推進派になった。同国では世論も巻きこんで、右往左往している。

このように、各国でシェールガス採取に対する反応はまちまちだが、問題点が次第に明らかになってきている。

水圧破砕法は地熱開発にも使われる

水圧破砕法はシェールガスやシェールオイルだけを採掘するのではない。地下から取り出すものとしては地熱もある。

化石燃料を使った発電には、化石燃料の枯渇と、二酸化炭素を大量に排出するという問題がある。このため、再生可能エネルギーは年々世界的に増えている。太陽光、風力、バイオ発電、そして地熱発電である。

このうち、地熱発電は時間帯や天候に左右されない安定した発電として、これから多用される趨勢にある。

日本では使える地熱の量は、米国、インドネシアについで世界三位だ。日本には火山が

図⑭　北海道・森町字濁川にある森地熱発電所。日本では数少ない地熱発電所のひとつで、1982年から稼働している。＝島村英紀撮影

多く、地熱も高い。地熱資源は二三四七万キロワット相当と言われている。

だが、日本ではこれまで活用できていない。地熱が豊富なのにもかかわらず使われてこなかったのには理由がある。ひとつには国立公園法の規制のため、もうひとつは地熱開発で温泉が枯れるのではないかという、温泉業者の反対のためだ。

日本で地熱発電に適した場所は高い熱水を期待できる「火山前線」の近くだ。火山前線は北海道から本州までの東日本火山帯に沿ってと、中国地方から琉球諸島までの西日本火山帯に沿って、それぞれ長く延びている。

しかし、そのほとんどは国立公園内にあり、そこでは規制のために、穴を掘ったり、地熱

発電所を作ったりすることができない。

このため、日本には現在まではまだ小規模な地熱発電所しかなく、二〇一八年現在、地熱発電所は三八ヶ所、総発電量は世界で一〇位、約五二万キロワットと日本の地熱資源量の約二・二パーセント、五〇分の一にしかすぎない。

ただ、二〇一三年からは法律が変わり、国立・国定公園の中でも第二種、第三種特別地域では開発を認めることになった。第二種とは「特に農林漁業活動については努めて調整を図ることが必要な地域」、第三種とは「特に通常の農林漁業活動については原則として風致の維持に影響を及ぼすおそれが少ない地域」のことである。

この規制緩和によって、国立公園の外から国立公園の下に向かって斜めにボーリングをすることが許されるようになったのだ。最近では、このようなボーリングを実現させるための技術的な試みも行われるようになっている。

日本が将来、地熱発電を増やす余地は大きい。そしてこの地熱開発には、水圧破砕法が使われようとしている。

水圧破砕法による地熱発電は今後、世界各地で盛んになる趨勢にある。

第5章　最近の「人造地震」、中国でも韓国でも騒ぎに

●中国四川省の「地震騒ぎ」

二〇一九年二月から、中国内陸部の四川省自貢市栄県で騒ぎが大きくなっている。県庁前には数千人の市民が集まって、鉄製の柵を押し倒した。

これは、中国でも開始された水圧破砕法によるシェールガスの採取によって地震が発生したことに抗議したものだ。この騒ぎを受けて地元政府が採掘を停止する事態になった。

ここまで述べてきたように、シェールガスの採取にともなって地震が起きることは世界中で経験されている。

四川省でも、以前からシェールガスの採掘による地震が相次いで起きていた。

今回騒ぎとなった地震は、マグニチュード四・七とマグニチュード四・九だった。この地震で二人が死亡したほか一二人が負傷し、家屋数千軒が損壊して、数百人が家を失った。メディアによっては、四人以上死亡と報じられている。しかし、当局は報道機関が住民を取材することを許可していないので、死者数など正確な被害は分からない。

二〇一六年、四川省政府は「シェールガス産業発展実施計画」を発表した。この計画では、年間三五億立方メートルのシェールガス産出量を目標に掲げている。

現在、四川省での採掘は二五億立方メートルを超え、そのうち地震の頻発が確認されている自貢市では年間五億立方メートルを産出している。特に、栄県のシェールガス埋蔵量は中国全土の六分の一を占めるほど豊富だとされている。中国のエネルギー政策にとって、四川省でのシェールガス採掘は極めて重要なのである。

四川省のシェールガス採掘は、エネルギー大手、米国シェブロン社の技術を使っている。米国の石油大手シェブロンは、中国の石油開発に以前からかかわっている。二〇一二年に公表されたが、中国の黔南《けんなん》盆地では、シェールガス資源の共同探査を実施する契約が交わされている。黔南盆地は中国南西部の貴州省にある。シェブロンは提携相手を明らかにしなかったが、現地メディアは、この契約は石油・ガス生産業者である中国石油化工集団の子会社と交わされたものだと伝えた。

中国だけではない。このほかシェブロンは、シェールガスやシェールオイルの開発を目的に、アルゼンチンのバカ・ムエルタ地層にある二ヶ所の探査井での採掘を二〇一二年から始めた。以前からここでは在来型石油を生産してきたが、現在ではシェールガスのような非在来型石油の採掘権も持っている。

また、シェブロンは二〇一二年にはルーマニアでも、シェールガスの採掘権を保有する鉱区内の複数の探査井で掘削プロジェクトを始めた。前述のとおり、総面積は六〇万ヘクタールに及ぶ。また、南西部にある三ヶ所のシェールガス探査井（総面積約二七万ヘクタール）でも、採掘権を取得するための交渉を始めた。

シェブロンは、在来型の原油開発にも熱心だ。同社は二〇一九年、中国・南シナ海での深海石油の探査権取得が承認されたと発表した。対象となるのは、珠江河口にある三区画で、広さは約二万平方キロメートル（二〇〇万ヘクタール）。大量の石油が眠っている同地域での石油掘削に調査段階から参画し、中国やアジア市場での生産基盤の強化を目指す。

エネルギー分野の世界的な大手であるシェブロンは、米国を足場に、シェールガスブームを海外にも拡げようとして事業戦略を進めているのである。

●韓国での「人造地震騒ぎ」

水圧破砕法による地熱開発は韓国でも行われていて、同国でも地震を起こして問題化している。

地震は二〇一七年一一月に韓国南部で起きた。マグニチュードは五・四。韓国で地震観測が始まって以来、二番目の大きな地震だった。一般に、朝鮮半島で起きる地震は日本よりもずっと少ない。これは、日本のようにプレート境界が近くないためだ。

この地震では家屋が倒壊するなどして約一二〇人が負傷し、被災者は一八〇〇人、施設被害は約二万七〇〇〇件、被害額は三三二億円にものぼった。政府は一帯を特別災難地域に指定し、現在も復興事業を進めている。

二〇一八年一〇月には、市民が政府などを相手取って集団訴訟を起こしている。地熱発電が地震を起こして被害を生んだと訴えた訴訟である。市民が地熱発電を提訴したのは韓国では初めてだった。

この地震で、韓国全土で一斉に行われる「大学修学能力試験」が一週間延期になった。

試験前日の一一月一五日に地震が起きたためだ。

学歴社会の韓国では、この試験は「人生を決める試験」とされている。英語のリスニング試験の時には全国の上空で飛行機を飛ばさないし、試験に遅れそうになった受験生を白バイで送り届ける恒例の映像が毎年報じられるほどの国民的な大行事だ。

地震は人口が集中している地域、浦項《ポハン》を襲った。浦項市は人口約五〇万人で、韓国有数の工業都市だ。

韓国政府もこの地熱開発の人造地震にお墨付きを与えた。二〇一九年三月、韓国政府の調査研究団が、この地震は自然地震ではなく近隣の地熱発電所が触発したものだったと結論付けたのだ。大韓地質学会がソウルで記者会見し、浦項地震に関する政府研究団の調査結果を発表した。

これを受け、韓国の産業通商資源省は事業の中止を決定した。同省の高官は「今後、事業を行うかどうかは極めて慎重に検討していく必要がある」と強調したという。

浦項地熱発電所は韓国南部にあり、韓国政府の肝いりで地熱発電実用化研究開発事業として推進されてきた。資源開発業者のネクスジオや鉄鋼大手ポスコ、韓国水力電子力、韓国地質資源研究院などが参加する共同企業体である。韓国政府が国費約一八億円を投入した官民事業でもある。

韓国には日本各地にあるような火山帯はないが、地熱発電は可能だ。それには水圧破砕法を使って地下深くの高温の岩石にひびを入れて、そこから出た蒸気でタービンをまわす発電方式を採用した。このために地下四キロメートル以上の穴を二本掘った。一方に水を圧入し、地熱で加熱し、発生した水蒸気を別の穴から取り出す。

この井戸を掘るときにも、また掘ったあとで地熱発電を行うときにも、地下に高い水圧が生じて、地層が割れたり、断層が滑ったりする可能性がある。

この発電所では二〇一六年六月に試運転を開始し、二〇一七年一二月から商業運転に入る予定だった。しかし、その直前に地震が起きた。

震源は地熱発電の穴から六〇〇メートルしか離れていなかった。しかも、震源の深さと、発電施設の井戸の深さがほぼ一致しているほか、施設の運用開始以降、それまでは観測されることのなかったマグニチュード二以上の地震が複数回起きていた。

原告側が出した仮処分申請が裁判所で認められ、すでに稼働は中断されていたが、韓国政府は事業の中止を決めた。

この裁判の原告には市民七一人が加わった。地震で被害を受けた市民の精神的被害に対する慰謝料として、一人当たり一日五〇〇～一〇〇〇〇円を五年間にわたって支給するように求める内容である。裁判は現在進行中である。

歴史上、ここ浦項にこれほど大きな地震はなかった。だが、この地熱発電所を水圧破砕法で作りはじめて以降、それまでは観測されることのなかったマグニチュード二以上の地震が何回も起きた。そして、二〇一七年にマグニチュード五・四が起きて被害を生んでしまったのだ。

水圧破砕法の作業で使った大量の水や、運転に使っている大量の水が、地下で断層に圧力をかけて地震を起こしたものだと考えられている。

スイスでは、地熱発電が地震を起こしたので中止

このほか、地熱発電が誘発した人造地震は、米国オクラホマ州などやスイスで起きている。

スイスでは「環境にやさしい」と称された地熱発電の実験が、小さな地震を起こしたために開発が中止された。

これはスイス北部にあるバーゼル市内で行われていた「ディープ・ヒート・マイニング」という計画で、五キロメートルの井戸を掘って、年間二万メガワット時の電気と、年間八万メガワット時の温水を得ようとした計画だ。

まず、地下五キロメートルの深さまで穴を掘り、高圧をかけて冷水を地下に送り、地熱で二〇〇度にまで上昇させる。その後、熱水は地上に送り戻され、発電や配水に利用されるという計画だった。

スイス電力会社協会などによると、この計画では二〇五〇年には年間一八〇億キロワットのエネルギーを作り出す見込みだった。また、二〇〇九年からの商業化を目指していて、世界でも唯一の商業化を見込んだプロジェクトでもあった。スイスに活火山はないが、地熱開発には十分の勝算があるとして水圧破砕法を使って始まった計画だった。

計画は二〇〇四年、バーゼル市内のクラインヒュニゲン地区で始まった。

ところが二〇〇六年の実験中にバーゼル地方で地震が起きた。街灯が倒れ、地面にひび割れなどができたものの、負傷者はなかった。

マグニチュード三・四のこの地震は、研究の結果、人為的に引き起こされたものだということが分かった。

この地震を受けて、スイス政府は二〇〇九年に発電所の稼働が地震の原因だとする結論を下し、発電所は被害住民に約一〇一〇万円の和解金を支払った。

スイスで起きた地震は、韓国で起きた地震の一〇〇〇分の一のエネルギーしかないが、人為的に引き起こされたという結論が下され、和解金を払ったのだ。

そして、バーゼル州政府は計画の中止を決断した。こうして、スイスの地熱開発は頓挫してしまったのである。

前述のとおり、韓国はスイスに続いて、二〇一九年三月に産業通商資源省は事業の中止を決定した。同省高官は「今後、事業を行うかどうかは極めて慎重に検討していく必要がある」と強調したという。

スイスは地震危険地帯?

スイスで起きた地震の大きさはマグニチュード三クラスで、日本ではありふれた大きさだが、日本では小さな地震でも、スイスでは大きな騒ぎになる。

バーゼル地方はスイスでも地震が多い地方である。スイスに地震が起きたとき、人々の頭に最初に浮かんだのは一三五六年にバーゼル市を壊滅させた地震だ。城壁に囲まれたバーゼルの市街地は、この地震で壊滅的な被害を受けた。近隣三〇キロメートル以内の城や教会も倒壊した。

この地震のマグニチュードは約七だったと考えられている。この地震より前に大地震が起きた記録はなく、その後現在に至るまで、この近辺に大地震は起きていない。不思議な地震だが、内陸直下型地震であることは確かだ。

スイスなどアルプス北端は、中程度の地震危険地帯だという学説がある。これはアフリカプレートが、ヨーロッパ大陸が載るユーラシアプレートを押していることによる。

たとえば近年、スイスの南隣の国イタリアでは、いくつかの地震が大きな被害を生んでいる。イタリア中部で起きた二〇〇九年のラクイラ地震（マグニチュード六・三）は死者三〇九人の被害を出し、二〇一六年にはイタリア中部地震（マグニチュード六・二）が死者二九八人の被害を出した。この学説では、スイスはイタリアと似たプレートの状況にあるとされる。

スイスでも、小さな地震なら毎月のように起きる。国内の一〇〇地点で地震観測が行われている。観測開始から一〇〇年間で観測された地震は約一万三一〇〇回。うち一六〇〇回が有感地震だった。このようにスイスでは地震観測が盛んで、ダム地震など人造地震の分野では、近年最先端の研究が行われている。

スイスではこの一〇〇年間、マグニチュード六を超える地震はまったく起きていない。もっと前でも、マグニチュードが六以上のものはせいぜい五～六個しかない。それでも、スイスなど欧州では、小さな地震もきちんと記録されているのである。私のスイス人の友人で、地震観測所に勤めている地震学者は、不思議に日曜日には地震が多くて、呼び出されることが多い、とぼやいていた。地震国イタリアの隣国であり、過去に大地震も経験したスイスは地震に敏感なのだ。

スイスでは、多くの近年の地震は被害はない。いちばん近年に被害があった地震は、一九九一年にスイスの南東部にあるグラウビュンデン州で起きた地震だった。

将来、いつかは一三五六年に起きた地震のように、一つの都市を壊滅させるほどの地震が起きる可能性は否定できない。地震国日本よりも地震は少ないとはいえ、欧州中部の地震は、それなりに心配なのである。

●オランダでは従来のガス採掘でも人造地震

近年、オランダでも従来の方法を使った天然ガスの採取による地震が起きて、騒ぎになっている。

しかし、オランダで地震に気がついたのは、天然ガスを採取し始めてから三〇年近くたってからだった。ごく小さい地震は起きていたものの、近くに高感度の地震計がなくて知られなかったか、あるいは前に述べたエジプト・アスワンダムが起こした人造地震のように、時間遅れがあったのかもしれない。

オランダの最北部、ドイツ西部との国境に近いフローニンゲン州には、北海に面している欧州最大のガス田がある。

オランダではずっと地震が起きなかった。ところが近年、地震騒ぎが始まったのだ。最初に地震に気がついたのは、ガスを採取し始めてから三〇年近くたった一九九三年だった。以後、地震は増え続けて、大きな地震も混じるようになって地震被害も出た。二〇一二年にはマグニチュード三・六の地震が起きて、多くの家屋に亀裂が生じるなどの被害を生んだ。震源の深さが三キロメートルほどとごく浅いため、マグニチュードのわりに震度は大きくなったのだ。

オランダは世界第一〇位の天然ガス産出国である。国内のガス需要を全部まかなっているほか、ドイツ、フランス、ベルギー、イタリア、スイスなど各国に輸出している。

このガス田でガスの採取が始まったのは一九六四年だった。ガスの層は深さ約二八〇〇メートルのところにある砂岩層で、層の厚さは八〇～一〇〇メートルある。このガス田からは、オランダのガス全産出量の三分の二が採取されている。

ガス生産量を年間五〇〇億立方メートル以上に倍増した二〇〇〇年以降、地震の数はますます増えた。一九九一年～二〇〇〇年には一一〇回であった地震発生回数は、二〇〇〇年～二〇一三年には五〇〇回以上に増加した。地震は二〇一三年だけでも一一九回起きた。

これはどう見ても、二〇世紀後半にガスを採取し始めてから、ガス田の近辺に地震が起き始めたのにちがいない。

昔は地震がなかった国だけに、地震とガス採取の関係は明らかだった。現在のペースでガス採取が続けば、将来マグニチュード四・五を超える地震が発生して、被害がもっと大きくなる可能性もあるといわれた。

このため、採掘をしているオランダ石油会社（NAM）は地元に日本円にして約一二〇億円の補償金の支払いを申し出た。なおNAMは石油業界大手の英蘭系ロイヤル・ダッチ・シェルと米国エクソンモービルの合弁会社だ。

そのうえ二〇一三年六月からは、オランダ政府は生産量を三〇〇億立方メートルに減少することを明らかにした。同年の従来の目標三九四億立方メートルを大幅に下回る。

このガス田からの収入は、日本円にして年間一・五兆円を超える。二〇一一年には、オランダの財源の八パーセントに当たる一二〇億ユーロ（約一兆四〇〇〇億円）を天然ガスによって確保している。これがなければ、同年の財政は金融危機のただ中にあるキプロスとほぼ同じ約六・二パーセントの赤字となっていて、ギリシャなみに国家財政が赤字になってしまうと言われている。

ユーロ圏全体の経済危機に直面するオランダ政府にとっては、このガス田は生命線なのだ。おいそれと生産中止にはできない。採掘量の削減は、オランダ政府にとっては辛い決断だった。

第6章　CCS（二酸化炭素の回収貯留実験）

●CCSとは

二〇一六年四月から、北海道苫小牧市の沖で実証実験「CCS」が始まっている。CCSとはCarbon dioxide Capture and Storageのことで、二酸化炭素を地下に圧入する実験だ。経済産業省が行っているもので、「日本CCS調査株式会社」が事業主体である。

この日本CCS調査株式会社は、電力、ガス、鉄鋼など二酸化炭素の排出源となる事業者や、地質調査や地下資源開発の技術や知見を持つ石油開発会社、エンジニアリング会社、商社など、三五社の出資によって二〇〇八年に設立された。

二酸化炭素ガスは地球温暖化の元凶とされている。このガスを減らすため、工業活動か

図⑮　苫小牧のCCS、長岡で行われたものよりもずっと大規模なものだ。二酸化炭素の圧入は2016年4月から始まった。
（出典：経済産業省資源エネルギー庁ホームページ《https://www.enecho.meti.go.jp/about/special/johoteikyo/ccus.html》より「北海道・苫小牧市のCCS実証実験」）

ら出る二酸化炭素を深さ一〇〇〇メートルを超える海底下に封じ込める計画だ。

日本政府は二〇二〇年頃までにCCS技術の実用化を目指すとしており、苫小牧のプロジェクトはその重要なステップとなる。

地球温暖化防止を目的としたCCSの開発研究が国際的に始まったのは一九九〇年代初頭で、重要な課題と認識されたのは二〇〇〇年代半ばである。

日本での研究は一九九〇年代前半に始まったのでスタートは早かったが、大規模プロジェクトの実施では欧米に後れを取った。苫小牧の実証試験プロジェクトは、その遅れを取り戻すべく始まった。二〇一五年一〇月には設備の建設が終了し、二〇一五年四月から二〇一八年までの三年間、二酸化炭素の封じ込めを行っている。

日本CCS調査株式会社は、一〇〇〜二〇〇気圧といった高い圧力で地下に圧入された二酸化炭素は、年月がたつと水に溶け込んだり、周囲の岩石と結び付くなどして安定化すると説明している。

この実験は、日本では二度目のものだ。最初の実験は、二〇〇三年から一年半ほど、新潟県長岡市の天然ガス田、南長岡ガス田で実施された。長岡で圧入したのは合計約一万トンで、地下約一一〇〇メートルに、一日二〇から四〇トンの量の二酸化炭素を圧入する実験だった。

この長岡での実験は地球環境産業技術研究機構が行ったもので、研究目的の面が強く、二酸化炭素の圧入量も苫小牧よりはずっと少なかった。

●CCSの実験と二つの地震

CCSには場所を選ぶ。長岡での実験で圧入された先端部の深さは一一〇〇メートルだったが、ここでは、液体を通さない遮蔽層（キャップロック）が傘のような形をしている。その頂上部の内側に圧入した。

キャップロックは液体を通さない。「傘」は、学問的には「背斜構造《はいしゃ》」という。大きな傘で、地層としてはずっと深いところまで連続している。

じつは、長岡で二酸化炭素の圧入実験をした長岡ガス田は、新潟県中越地震（二〇〇四年）の震央から約二〇キロメートルの場所にあり、後の新潟県中越沖地震（二〇〇七年）の震央からも、反対側に二〇キロメートルしか離れていない。

新潟中越地震の震源の分布図では、余震分布の上限は四〇〇〇メートル程度、本震の深さは一三キロメートルだから、震源に極めて近いところで「作業」をしていたことになる。ここでいう「本震」とは地震断層の「壊れはじめ」で、本震そのものは余震域全体に拡がっていたと地震学では考えられている。

新潟県中越地震はマグニチュード六・八で六八人の死者を出し、中越沖地震もマグニチュード六・八で死者一五人が出た。ともに内陸直下型地震である。この近辺では過去にない大きさの地震だった。

長岡で行われていたCCSの実験が、人造地震としての大地震を引き起こしたのではないかという嫌疑がある。これは二〇〇七年一〇月に行われた国会論戦でも取り上げられた。

旧民主党・新緑風会の風間直樹参院議員が、長岡ＣＣＳと地震との関係を国会で取り上げ、議員は長岡ガス田での二酸化炭素圧入実験を止めるように主張した。

学問的には、決着はつかなかった。だが、地球環境産業技術研究機構は、長岡での実験を開始一年半後に終えた。

なお、新潟県中越地震での犠牲者のうち、地震による直接の死者は一六人しかいなかった。あとの五〇人以上は、ストレスや深部静脈血栓症、いわゆるエコノミークラス症候群などによる地震後の関連死だった。避難した人々のうちから犠牲者が出るのは、天災というよりも人災というべきであろう。

● 苫小牧のCCS大規模実験

長岡ガス田で行われたＣＣＳは小規模だったが、世界的に実用レベルとされるのは年八〇万～一〇〇万トンである。

苫小牧での計画は長岡の実験よりはずっと大規模なものだ。圧入される二酸化炭素は年一〇万トン以上で、能力的には年二〇万トンまで可能だという。長岡での実験よりも一桁以上多い。苫小牧では、近くの出光興産の石油精製プラントから発生する二酸化炭素を分離、回収して、圧入と貯留を行っている。

陸上にある施設から水平方向には約三キロメートル先、苫小牧の沖合約三キロメートル、海底下の深さ約一〇〇〇～一二〇〇メートルのところへ圧入している。ここでは、二本の坑井を使って二つの貯留層に二酸化炭素を送り込んでいる。

ＣＣＳを行うには、送り込んだ二酸化炭素が漏れ出さないよう、〝蓋〟になる二酸化炭素ガスを通さない泥岩などの遮蔽層（キャップロック）があることが条件だ。苫小牧はこの条件に適していた。もちろん、近くに活断層があるところは避けるべきである。

日本の場合、陸はどこも人が住んでいるから、貯留地点は海底下以外考えにくい。それを陸上から掘れるとなれば安上がりなので苫小牧が選ばれた。さらに苫小牧には二酸化炭素の発生源である製油所に隣接した分離回収設備があることもあって、最初の大規模実験地として全国一一五の候補地の中から選ばれた。

もちろん人口密度が低いことや、以前には鳴り物入りで開発が叫ばれた苫東工業地帯が失速して工場がほとんどなくて空き地が拡がっていることや、地震活動が低いとされていたことも選ばれた理由に違いない。

だが、苫小牧だけでは日本全体で計画されているCCSには足りない。日本政府は二〇一四年度から、このほかの貯留地点選定のための調査を実施している。二〇二一年時点までに最低でも三ヶ所は適地を探したいとしている。

日本の地下には約一四六〇億トン、現在の排出量にして約一〇〇年分の二酸化炭素を貯留する容量があると政府は言っているが、候補地の選定は容易ではなく、候補地はまだ、決まっていない。

欧州などでは、住民や環境保護団体の反対によってCCSが中止に追い込まれたことがある。

苫小牧CCSの近くで北海道胆振《いぶり》東部地震が起きた

ちょうど苫小牧で大規模な実験をしていた二〇一八年九月六日、北海道地震（北海道胆振東部地震）が発生し、大規模な地滑りが各地で起きて四一人が死亡した。マグニチュードは六・七、震源の深さは三七キロメートル。最大震度は、震度階級で最も高い震度七で、北海道では初めてだった。既存の活断層がないとされたところだ。

ＣＣＳの実験を始めた長岡の近くで起きた大地震は、苫小牧の近くでも繰り返された。

苫小牧での圧入は、北海道胆振東部地震が発生する以前、二〇一六年四月に始まっていた。地震が起きる直前の二〇一八年九月からは、たまたま二酸化炭素含有ガス供給元である石油精製プラントの都合で、二酸化炭素の圧入は停止中だったが、停止前の二〇一八年八月中旬には、二酸化炭素の累計圧入量は二〇万トンを超えていた。

日本ＣＣＳ調査株式会社はいち早く「地震発生とは関係がない」と発表した。彼らの言い分は、二酸化炭素の圧入地点は、深さも地層も違って場所も貯留地点から水平距離で約三一キロメートル、直線距離で約四七キロメートル離れているからというものだった。

また、日本ＣＣＳ調査が地震前に行ったシミュレーションでは、圧入された二酸化炭素は、海底下数百メートル×数百メートルの範囲にとどまったという。さらに、地震前に二酸化炭素の圧入が停止していたことも大地震とは関係がない理由としてあげられていた。

圧入された深さは一一〇〇メートルではあるが、そこは背斜構造の最上部であり、ずっと深いところまで連続している地層である。前述のとおりキャップロックが傘になっている、その頂上部の内側に、圧入したことになる。

長岡では、地層を岩相から大きく五つのゾーンに区分し、そのうち浸透性が最も良好な

Zone-2（層厚約一二メートル）を、二酸化炭素を圧入する対象として選んでいた。

つまり、圧入された二酸化炭素がより深くまで行きやすい層を選んでいたわけだ。苫小牧の場合も同じで、圧入された二酸化炭素は、「傘」の内側に沿って、より深い下層部へ運ばれていったに違いない。

また、世界の水圧破砕法やダム地震でも、地震が起きた深さはずっと深いことも多く、入れた液体が岩盤の割れ目を伝わって深いところにまで達して、そこで地震の引き金を引いたか、あるいは、長い列車の後ろを押すと、いちばん前までの全体が動くように、圧入した水の圧力が深くまで伝わったせいだと思われている。

前述のとおり韓国の地熱発電の場合には、震源の深さと、発電施設の井戸の深さがほぼ一致していたが、ダム地震のところでも述べたように、地震が深いところで起きても、関係があると思わざるを得ないことも多い。時間的にも、水圧破砕法やダムなどが、かなり後になって地震を起こした例は多い。

なお、この日本ＣＣＳ調査株式会社が発表した資料の題名は、「北海道胆振東部地震の二酸化炭素貯留層への影響等に関する検討報告書」になっている。一般に関心が高い「二酸化炭素貯留の北海道胆振東部地震への影響」ではないのだ。

●鳩山由紀夫元首相のツイッター。道警の反応

しばらく止まっていた苫小牧のCCS実験が二〇一八年一二月末に再開された直後、二〇一九年二月に、北海道の胆振東部でマグニチュード五・八の地震が起きて、震度六弱を記録した。北海道胆振東部地震の余震がほぼ収まってから突然起きた地震だ。

マグニチュード六・七の地震で、半年後まで余震が続くことは珍しい。現に、マグニチュード七・三の阪神・淡路大震災（地震名は兵庫県南部地震）でも、余震は一、二ヶ月で収まった。

この二月の地震についての、鳩山由紀夫元首相のツイートが大きな論争になっている。

鳩山氏は地震直後、ツイッターで地震の原因に触れ、震源に近い苫小牧市のCCS実験について「本来地震にほとんど見舞われなかった地域だけに、CCSによる人災と呼ばざるを得ない」などと書き込んだ。

これに対して北海道警察はデマだとしたが、デマではない可能性も否定できないのだ。

本書で見てきたように、米国など各国で行われた水圧破砕法やCCSが地震発生と関係が

あるという論文はいくつもある。

なお、北海道警察は「本震がやがて来る」というのもデマであるとしたが、地震学的には、もっと大きな地震が来るかどうかは「分からない」というのが正しい。二〇一六年四月に熊本で起きた地震でも、はじめの地震はマグニチュード六・五、その二八時間後に起きた地震はマグニチュード七・三で、あとから本震が襲ってきたからである。本震があとから来る、という例はほかにもある。

CCSが地震を起こすという指摘も

アメリカのテキサス州では、二〇世紀初頭から石油を汲み出すためのやぐらが馴染みの光景となっている。

しかし、最初のうちは自噴していた原油はやがて止まり、水やガスを圧入して加圧回収することになる。テキサス州では二〇〇四年から二酸化炭素を古くなった油井に圧入しはじめた。日本のCCSと同じで地下に二酸化炭素を圧入するものだ。温室効果ガスを減らすだけではなく、二酸化炭素が溶け込むと石油が膨張してその回収が容易になるという一石二鳥を狙った手法だ。
日本の長岡ガス田のＣＣＳも、これを狙った。もともと天然ガスのために掘った長岡ガス田は一九八四年に生産を開始していたが、二〇〇四年からは採掘量を増やすために、水圧破砕法による二酸化炭素の圧入を始めた。この圧入によって、ここではガスの生産を八倍に増やすことに成功したといわれている。

シェールガスの採取でなくとも、米国や日本では二酸化炭素の圧入に水圧破砕法が使われているのだ。

だが、米国で地震が起きてしまった。テキサス州の西部、スナイダー近郊にあるコッジェル油田では、二〇〇六年〜二〇一一年にマグニチュード三クラスの地震が多発した。

ここでは二〇〇四年から二酸化炭素などのガスを油井に注入する水圧破砕法を採用した。しかしその直後から、地震が増え始めたのである。

『Proceedings of the National Academy of Sciences』誌オンライン版に二〇一三年一一月四日付けで発表された研究によれば、「地震が活発化する前の大きな変化といえば、水圧破砕法による二酸化炭素の圧入しかない」という。この研究によって、テキサス州西部で発生した一八回の小規模地震が、油井へ圧入する二酸化炭素によって引き起こされた可能性が明らかになった。

また、二〇一二年に米国科学アカデミーがまとめたレポートによると、二酸化炭素圧入は、一般の水圧破砕法よりも地震発生率を高めるリスクが高いという。地下に貯留する二酸化炭素の量が桁違いに多いからだ。

二酸化炭素の地下貯留と地震発生の関連性を指摘する調査結果が明らかになったことによって、地下深くに温室効果ガスを蓄積するというCCSに新たなリスクが浮上した。

じつはコッジェル油田では、一九七五年〜一九八二年にも多数の地震が発生しており、油田に被害が及んでいる。当時は、石油の回収量増加を狙って地下に注入した水が原因だった。水の注入を中断すると、自然と地震も収まった。水も二酸化炭素も、地下に注入することによって、地震が増えたのである。

なおテキサス州は自然に起きる地震が少なく、人為的な地震が起き始めるとすぐに分かる、人造地震を検知しやすい場所なのだろう。

世界のCCSの行方

じつは、長岡や苫小牧の日本でのＣＣＳ実験は、世界で行われている計画の一環である。米国では気候変動対策として、大気中の二酸化炭素を地下に隔離・貯留する「温室効果ガス隔離政策（ＧＣＳ）」がすでに施行されている。ＧＣＳとは、日本で言うＣＣＳである。

この計画のために、すでに一九〇〇年代に米国やヨーロッパ各国のエネルギー行政の責任者が米国に集まり、炭素を捕捉して隔離する技術を世界的に普及させるための方策を話し合った。

これを受けて、二酸化炭素を地下に圧入する実験は日本に限らず、ノルウェーやアルジェリアなど六五ヶ所で試験的に導入されている。このひとつ、米国イリノイ州ディケーター近郊の試験場では、三年間で計一〇〇万トンが地下の塩水層に圧入されているほか、最終的には一ヶ所で年に八〇万～一〇〇万トンを圧入する計画だ。

ＣＣＳは大規模になるに従って、コストが下がる。しかし、どれだけ安くなっても、シェールガスの採取などと違って、CCSは利益を生まないコスト要因であることには変わりがない。

したがって企業側にはCCSを導入する動機がない。現に豪州のCCSは、コストが当初の見通しを大幅に上回り、プロジェクトは中止に追い込まれた。

それゆえ、CCSには政策的な誘導が必要になる。

たとえばノルウェーでは炭素税が導入されており、二酸化炭素一トン当たり四〇ドルの税金が課せられる。炭素税があることで、仮にCCSの圧入量が年間一〇〇万トンという規模であれば、CCSを導入するほうが安価になり、CCSの拡大に役立っている。ちなみに、現在の日本でのCCSのコストは、二酸化炭素一トン当たり七三〇〇円で、国際的にはまだまだ高い。

CCS導入の動機付けのために、各国では炭素税、法規制、固定価格買取制度、排出権取引などが考えられている。しかしどれも、国民に負担を強いるものだ。たとえば、CCSを導入することによる発電コスト増を電力料金に転嫁する場合に、消費者がどこまで受けいれるのかは未知数である。

いま、日本での石炭火力発電の発電コストはキロワット時あたり八・九円だが、ここに

ＣＣＳコストを加算すると、ＣＣＳを含む石炭火力の発電コストは一五・二～一八・七円になってしまう。

このほか法規制の例としては、オバマ大統領の時代の米国で二〇一五年に、厳しい石炭火力発電所への二酸化炭素排出基準規制を打ち出した。二〇一五年に発効したが、これで石炭火力発電所の新設は、ＣＣＳなしでは事実上不可能になる。英国では二〇一三年、カナダでは二〇一五年に同様の規制が既に発効している。

コストが膨らむことは大きな問題である。たとえば、現在の石炭火力発電所にＣＣＳを付けた場合、発電コストは前述のように二倍近くになってしまうのでほとんど現在の太陽光発電なみに高くなってしまうのだ。コストの六割は二酸化炭素の分離回収である。

このほか、まったく別の指摘だが、環境保護団体などを中心に、ＣＣＳは環境負荷の大きい石炭火力発電の存続や新設を許容、助長してしまうのではないかという批判もある。つまり、地下に投げ込むことで気安く二酸化炭素を減らすことができるのなら、排出も気安く行おうという趨勢が加速してしまうのではないかということである。

ＣＣＳは地震を引き起こす問題のほか、解決すべきいろいろな問題を抱えているのだ。

水圧破砕法への政府の対応

「地下から取り出すため」に水圧破砕法が使われている例を見てきた。シェールガス、シェールオイル、地熱などだ。このほか、いま述べてきたように「地下に捨てるもの」として、ＣＣＳ（二酸化炭素の回収貯留実験）にも水圧破砕法が使われている。

水圧破砕法の最大の問題は、エネルギー国家安全保障と企業の利益が優先されることで、水圧破砕法そのものの問題への対応が鈍いことだ。

一般市民の声が政策に反映されていないことが多い。多くの国や米国州政府と、水圧破砕法を使用する企業は、水圧破砕法によって起きた問題のほとんど全部と水圧破砕法との関連を否定している。

水圧破砕法の問題は「先進国」米国でいろいろ起きている。日本もいずれは対応を迫られるだろうが、これも他の諸問題と同じく、米国に追随する対応を取ることになるだろう。しかも、国土が狭く人口密度も高い地震国である日本には、米国など他国以上に重大な被害を及ぼす問題になる可能性がある。

米国科学アカデミーによる「二酸化炭素圧入は、水圧破砕法よりも地震発生率を高めるリスクが高い」という発言は重要だ。今後、水圧破砕法を用いた二酸化炭素の圧入は、各地でますます行われるであろうことが予想されるからだ。

第7章　地下核実験が起こす人造地震

●地下核実験を地震に見せかける工夫

第二次世界大戦の終盤とその後に、原爆、ついで水爆が開発されて、米国やソ連やフランスなどで盛んに大気中の爆発が行われた。

だが、この大気中での爆発は、近くの住民だけではなく世界の大気を汚すということから、深い穴を掘って、地下で行われるようになった。地下核爆発は隠れて行うのに好都合で、探知されにくいという面も持っていた。

こうして、地下核爆発は隠れて行われるようになり、米ソ両国では、地震学の知識を動員して、核爆発による地面の振動を自然に起こる地震に見せかける研究もさかんに行われ

図⑯　米国ニューメキシコ州で1945年7月、つまり広島や長崎に原爆が落とされる直前に行われた世界最初の原爆実験「トリニティ」。写真は爆発の16ミリセカンド（16/1,000秒）後の画像。この瞬間の火球は直径200メートル。（出典：Wikipedia）

た。

核実験か自然地震であるかを見分けるのは、現在でも至難の業である。起こす振動の周波数の違いや、起きる地震波の違いはなんとでもごまかせる。

起きた場所、とくに震源の深さだけはごまかせない。このため、「怪しい場所」で「震源が浅ければ」核実験の可能性が高いという判断が行われる。

ところで、海底地震計の開発は一九五〇年代から米国や英国などで行われていたが、これはもっぱら、旧ソ連による地下核爆発の実験を、なるべく旧ソ連に近いところで探知することで、どんな小さなものでも逃さず、正確な場所を突き止めるための試みであった。

だが、海底地震計の開発は技術的にとても難しく、実用化できなかった。私たちが一九六〇年代から取り組んで、一九八〇年代にようやく完成した海底地震計が、世界で初めて実用化されたものである。もちろん、これは自然に起きる地震や地球の内部を探るための第10章で述べるような人工地震用で、純粋に科学目的のものだった。

地下核爆発は米国のネバダ州やアラスカ州でも、さかんに行われていたが、旧ソ連で、いつ、どんな規模の地下核爆発を行うのかは、当時の西側諸国の重大な関心事だった。もちろん、旧ソ連は、これらの情報を明かさない。

旧ソ連の核実験は、北極海にあるノバヤゼムリャ島で行うのが常だった。このため、海底地震計の開発が試みられたが、当時の技術では無理なので、地理的に近いノルウェーに、このノバヤゼムリャ島の核実験を探知するための特別の地震観測網（NORSAR）が設置された。この観測網は設立の目的を失ったいまでも動いているが、感度の高い地震観測網として、近辺から遠方までのさまざまな地震の観測を行っている。

なお、地下核爆発は一九九〇年以後禁止となっている。「地下核実験制限条約」は、アメリカ合衆国と旧ソ連が結んだ核実験の制限に関する条約で、一九九〇年に発効したものだ。フランス、英国、中国もこの取り決めに追随した。

●地下核実験の探知

一九九〇年以後は以前からの核保有国では地下核爆発は禁止になっているが、その後の新参国、北朝鮮やインドやパキスタンは行っている。北朝鮮だけでも一九九六年に始まって二〇一七年まで、少なくとも六回の地下核爆発が知られている。

このため、地上にある地震観測網を強化することで地下核爆発を探知することは、いまでも行われている。

たとえば日本の気象庁では北朝鮮の核実験監視のための予算がつき、二〇〇七年に四億円をかけて地震観測網を改修した。だが、この地震観測網は故障続きで、二〇一三年に続いて二〇一六年の地下核実験のときにも故障していて記録が取れなかった。

気象庁のものは一九八三年に作られた「群列地震観測網」を改修したものだ。気象庁の主力地震観測所である松代の看板施設で、元来は純粋に科学的な目的のものだった。これは長野県松代を中心に一〇キロメートルの範囲に九つの地震計を設置したもので、データを松代観測所に集めて処理する。群列地震観測網にすることによって感度を高めたり、地震波の進入方向を知ることができる。

しかし北朝鮮のように日本から遠い場所での地震では、遠くで起きたことは記録されるものの、場所や発生時刻を正確に知ることはできない。地震波の進入方向も角度にして数度以上ちがうことがよくある。

北朝鮮やインドやパキスタンの地下核爆発を監視しているのは日本だけではない。いま使われている世界地震観測網は、米国地質調査所と米国の非営利法人ＩＲＩＳ（アイリス）が運営しているもので、世界の一五〇地点ほどに地震計が置かれて、世界中にリアルタイムで記録を配信している。日本にも二ヶ所の地震観測点がある。

ＩＲＩＳは全米科学財団が支援して一九八四年に創設され、世界の一〇〇以上の大学が参加している。

もともとこの世界観測網は、各国、とくに旧ソ連が秘密裏に行っていた地下核実験を検知するためのものだった。しかし、インドやパキスタン、北朝鮮のように、核実験が秘密のものではなく国家の権威を誇示するものに変わってしまった現在では、世界観測網は純粋に学問的なものに変わっている。

中国もこの世界観測網に参加している。たとえば二〇一六年一月における北朝鮮の地下核爆発では、核爆発が行われた北朝鮮東北部にある豊渓里《プンゲリ》の実験場にいちばん近かったのが、中国東北部の黒竜江省に設置されていた地震計だった。この地震計は牡丹江の市街地の北二キロメートルのところにあり、地下核爆発が行われた場所からは約三七〇キロメートル北に離れている。なお、豊渓里の実験場は首都平壌からも約三七〇キロ離れている。

この牡丹江の地震計の記録では、このときの核爆発はマグニチュード五・一相当であり、過去に行われた核実験と極めて似た記録だった。

● 地下核実験が世界各地で地震を起こした

序章などでも取り上げた、二〇一七年秋に米国の科学雑誌に発表された論文では、核爆発が起こした地震が二二ヶ所あったことが発表された。核爆発によって近くにある断層が動き、地殻の応力を解放したことで地震が起きたものだと思われている。

米国ネバダ州で一九六八年に行われた「ボックスカー」や「ベンハム」、その他の核実験では一二〇万〜一五〇万トンの核爆発を起こしたが、その際、震源のメカニズムには単純な爆発だけではなく、断層のずれも含まれていることが分かった。

これは自然地震も起こしてしまったということを意味する。地下核爆発にともなって起きた自然地震としては最初のものだった。地震計の観測では、核爆発から数キロメートル離れた断層でも変位が認められた。

また、「ベンハム」の実験では多数の余震が観測された。余震はもちろん、普通の自然地震である。最初の日に、マグニチュード一・三以上の地震が一〇〇〇回も記録されたほか、一ヶ月後にも同じ規模の地震が一日一〇回ほど観測された。

余震域は直径一七キロメートル、深さは一～六キロメートルで、ともに核爆発そのものよりはずっと大きかった。前に述べたように、震域の拡がりは、地震の本震の断層面の拡がりと一致していることが多い。つまり本震として大きな人造地震が起きたのである。

同じく米国で一九七一年から一九七二年にかけて行なわれた実験のうち、一九七一年にアリューシャン列島のアムチトカ島での「カニキン」という実験は地下核実験としては最大規模のものだった。W71核弾頭が使用され、核出力は五〇〇万トンという巨大なもので、マグニチュード七・〇相当の大地震が起きたことが分かっている。

旧ソ連ノバヤゼムリヤで一九七三年に行われた地下核実験でも、マグニチュード約七の大地震が起きたことが知られている。

その他、近年では、北朝鮮が二〇一七年までに実施した豊渓里での六回の核実験では、いずれの地下核爆発も地震を起こした。最大でマグニチュード四・〇以上に相当する自然地震が確認されている。

なかでも二〇一七年九月三日に実施した豊渓里の核実験では、直後の九月二三日に二回、一〇月一三日に一回、一二月二日に一回の地震が観測された。後述するように、その後も人造地震としての余震が続いている。

このように、地下核爆発は、ほぼ、いつでも人造地震を起こすのだ。

●北朝鮮の地下核実験は「山はね」?

これらの北朝鮮で起こった人造地震のメカニズムについては、核爆発で近くにある断層が動いて地殻の応力を解放したものだと思われているが、詳しく分からないことが多い。

しかし、二〇一七年九月三日に行われた六回目の核実験については、核爆発に伴う大規模な爆発で地盤が緩んだことが原因だったと考えられている。この付近はふだん地震がないところなので、地震が起きれば人造地震の疑いが大きい。

ところで、「炭鉱地震学」というものがある。北海道大学の鉱山学の研究者らが推進したものだ。採掘の影響で炭層の岩盤内にひずみのエネルギーがたまり、やがて破壊する「山はね」や「山鳴り」を研究する学問である。これらは採鉱に伴う人造地震とはいえ、地震そのものだ。

山はねは、ガス突出とともにもっとも恐れられている炭鉱や鉱山で起きる深部災害のひとつで、多くの人命を奪ってきた。ときにはマグニチュード三くらいの地震に相当する。北海道・美唄《びばい》炭鉱で一九六八年に起きた山はねはマグニチュード二・七。一四〇キロメートルの距離まで観測された。この事故は一三人の死者を生み、一九七二年に閉山する大きなきっかけとなった。美唄炭鉱は、一時は日本最大の出炭量を誇った炭鉱である。

山鳴りはもう少し規模の小さなもので、周辺の岩盤内に発生する微小な弾性振動が耳に聞こえる。鉱山やトンネル工事の現場が地下数百メートルに達したときに岩盤に亀裂が発生して成長することで起きる。山はねも山鳴りも、小さいながらも、自然地震そのものだ。

北朝鮮で起きた地震も、以前の核爆発のために実験場の坑道が崩落した「山はね」ではないかと考えられている。

核爆発ではなく自然地震だったことに安心してはいけない。地下核爆発を行った坑道が傷んでいて、さらに崩壊すれば、放射能が坑道から流出することになりかねないからだ。

●「原因」がなくなっても後をひく地震

二〇一七年九月の核実験は過去六回の中で最も強力なもので、爆発の威力は一九四五年に広島に投下された原爆の一〇倍、日本の防衛省によると爆発の規模は推定一六〇キロトンに達したものだった。これはマグニチュード六・三に相当する。

じつは二〇一七年九月の核実験後の二〇一八年五月、北朝鮮は西欧諸国を含む各国のメディアを招いて核実験場を閉鎖している。実験場を永久廃棄するとして、坑道や関連施設を爆破したのだ。この時、核実験用に使用されていたトンネルの入り口三ヶ所のほか、監視塔や鋳造所や職員住宅も破壊されている。

この二〇一七年九月の核実験は、実験後何度も自然地震が観測された。韓国の地震観測では、実験直後に加え、九月二三日に二回、一〇月一三日に一回観測されたほか、五回目は一二月二日、核実験場から北東に約二・七キロの地点でマグニチュード二・五の地震が観測された。

そして、この核実験は、一年以上あとになってからも人造地震を起こした。二〇一九年三月になっても、マグニチュード二・八の地震が起きたのだ。震源は核実験場から北へ約一キロの地点だった。

この地域は自然地震のレベルが低く、震源が核実験場に非常に近いことからも、地震は六回目の核実験が原因で起きた人造地震だったと考えられた。

「原因」がなくなって一八か月たった二〇一九年春までに、この核実験による地震発生は、マグニチュード二・三からマグニチュード三・二のものまで計一二回に及ぶ。今後も起きるかも知れない。あとあとまで、人造地震は起きるのである。

前述の日本の長岡や苫小牧のCCS実験のように、「その瞬間」には原因が止まっていても、地震は起き続けるものなのである。エジプト・アスワンダムでの例も示した通りである。

北朝鮮の核実験場がある豊渓里は、活火山である白頭山（標高二七四四メートル）から遠くない。白頭山は中国との国境にあり、長白山とも呼ばれる。

白頭山はかつて大噴火して、火山灰が日本まで飛んできたこともある。それは約一万年間の活動休止期間後の一〇世紀前半のことで、過去二〇〇〇年間では世界最大級の大噴火を起こし、その火山灰は偏西風に乗って北海道にまで降り注いだ。

白頭山は最近、群発地震が散発的に発生しており、地割れや崩落が起きたほか、山頂の隆起があり、山頂南側では温度上昇が観測されている。ロシア非常事態省は、白頭山に噴火の兆候があると発表している。中国の火山学者も、早ければ数年以内に噴火するのではないかと警告している。

いずれは地震だけではなく、火山噴火も起きるかもしれないのだ。

第8章

日本に人造地震が「ない」理由と、いまの日本をめぐる地震や火山の状況

●ふだんから地震が多い日本では人造地震を見分けにくい

現在、日本には地熱発電所が三八ヶ所あり、今後は規制が緩くなってさらに増える趨勢にある。

ダムも至るところにある。狭い国土に急峻な山があることによって、日本の川は山地に雨が降ってから海に流れ下るまでの距離も時間も短い。このため、多くのダムと水力発電所が日本各地で造られたのだ。

その他、前述の通り近年では長岡や苫小牧でのCCS実験や秋田でのシェールオイルの試験的な採取も行われるようになった。

水圧破砕法を使ったシェールガス採掘には限らない。従来の手法を含めての石油や天然ガスの掘削、ダム、廃液の地下投棄……。地球内部に影響を及ぼすような人工的な作業が地震を起こす例はこのところ世界的に増えている。人間が地球に何かをすることが、世界各地で地震を引き起こしはじめているのだ。

本書で見てきたように、ダム、地熱、シェールガスなど「期待の星」である新エネルギー開発は、世界中で、地震と思わざるをえない結果を引き起こしている。

日本だけに地震が起きないということは、日本の地質構造から見ても地球物理学から見ても、あり得ないことである。

それをいいことに

ところが、日本ではふだんから起きる自然地震（人造地震以外の自然に起きる地震）も多く、そのレベルも高いので、この種の「人造地震」が自然地震にまぎれてしまって区別が難しい。

ふだんから地震がないカリフォルニアやアラスカ以外の米国、欧州やインドやエジプトでは、人間が地球に何かをしたことで地震が起きれば、すぐに分かる。

これをいいことに、地震が起きても、それを自然に起きた地震だと言うことは可能である。こうして、日本で起きているかも知れない「人造地震」はすべて、「自然地震」のせいにしてしまった。

いまの学問では人造地震が引き起こされたという明確な証拠がない。しかし、まったく関係がなかったということも、もちろん証明できないのである。この本で述べてきたように、状況証拠は多い。

前述の通り、日本では政府も電力会社もこの種の研究を好まない。ソニーもトヨタも頼れない地震や火山の研究では、研究予算としては国の予算と電力会社と保険会社からの予算しか頼れず、結局この種の研究はほとんどないし、専門家も育たない。欧州や米国など先進国の地震学会に比べて、日本はずっと立ち後れているのだ。

黒部ダムの群発地震

富山県の日本一の高さを誇るダムの近くで不思議な事件が起きたことがある。それは二〇一六年八月の末から頻発した群発地震だ。

どれも小さな地震で、最大のマグニチュードは約二。近くでないと身体には感じない大きさだ。

この地震活動は二〇一六年九月一二日以降さらに活発化し、発生回数は一九日までの一週間で二〇〇回以上にのぼった。地震の総数は一〇月までに四〇〇回を超えた。そのうえ、地震の規模が徐々に大きくなっているのが不気味だった。

富山県はもともと地震が少ない県だ。過去に県内で震度六以上を観測したのは、四〇〇人以上の死者を生んだ一八五八（安政二）年の「飛越地震」までさかのぼる。それだけに、この群発地震は地元の不安をかき立てた。

地震が起きた場所は富山県の山中で、関西電力の黒部ダム（黒四ダム）から北に八キロメートルほど離れた狭い地域に集中していた。震源の深さはごく浅かった。

黒部ダムは一九六三年に完成した、堰堤の高さが一八六メートルもある日本でもっとも高いダムである。アーチ式のコンクリートダムで、関西電力が建設した発電用のダムだ。完成当時は大阪府の電力の半分をまかなったほどの大出力だった。ダムで作られた人造湖、黒部湖の総貯水量は約二億トンにもなる。

図⑰　難工事の末、1963年に完成した富山県の黒部ダム。高さが186メートルで、日本でもっとも高いダムである。関西電力が持つ水力発電用のダムで、出力は33万5000キロワットだ。
（出典：Wikipedia）

この黒部ダムは深い山中にあり、大変な難工事の末に作られた。作業員は延べ一〇〇〇万人を超え、工事期間中の殉職者は一七一人にも達した。総工費は建設当時の費用で五一三億円。これは当時の関西電力資本金の五倍にもなった。

前述の通り、ダムが地震を起こした例は世界各地にあり、高さ一〇〇メートルを超えるダムで起きた例が多い。

日本一の高さを誇る黒部ダムが地震を起こしても不思議はない。

黒部ダム周辺では、過去にも群発地震が起きたことがある。一九九〇年二月から三月にかけて、弥陀ヶ原《みだがはら》南南東一〇キロメートルのところで群発地震があり、最大のマグニチュードは四・九だった。

また、二〇一一年には三月から黒部ダムの貯水池の周囲で小地震が起き始め、一〇月には貯水池のほぼ直下で最大の地震があった。マグニチュードは四・七だった。

じつは、二〇一六年に起きた群発地震は活火山、弥陀ヶ原からも遠くない場所でもある。震源は弥陀ヶ原から北東に約一〇キロメートルしか離れていない。

弥陀ケ原の別名は立山火山という。ここは気象庁の「噴火予報」の対象になっている活発な活火山だ。だが「噴火警報レベル」はまだ導入していない。

さて、この群発地震がどう推移するのか。ダム地震なのか、火山性地震なのか。地球物理学者たちは固唾を飲んで見守っているのである。

●東日本大震災の影響で地震が増える

二〇一一年に起きた東日本大震災（東北地方太平洋沖地震）は、マグニチュード九・〇という大きなもので、この地震は東日本全体を載せたまま日本列島の下にある基盤岩を東南方向に大きく動かしてしまった。

GPSを使うので陸上部だけしか測定が出来ていないが、基盤岩が宮城県の牡鹿半島では五・四メートル、首都圏でも三〇～四〇センチメートルもずれた。プレートがゆっくり押してくる量の数年分とか数十年分以上が一挙に動いてしまったことになる。こうして生まれた各所の基盤岩のひずみが、地震リスクを高めている。また、これらの影響は数年ないし数十年かかって、じわじわ出てくる可能性が大きいのである。

日本には二種類の地震が起きる。「海溝型地震」と「内陸直下型地震」である。

プレートの動きに岩が耐えられなくなったら、海溝型の大地震が起きる。そうした意味で、毎年、大地震に近づいているというのは確かである。また、恐れられている南海トラフ地震も、いずれ必ず起きる。長年の間には二〇一一年の東北地方太平洋沖地震もまた起きるかも知れない。

海溝型の地震が起きる場所は、海溝の近くに限定される。多くの場合、太平洋岸の沖である。

海溝型地震は一般には日本の沖で起きるが、首都圏だけが海溝型地震が「直下」で起きてしまうという地理的な構図になっている。いままでも関東地震（一九二三年）や元禄関東地震（一七〇三年）といった海溝型地震が首都圏を襲ってきた。

海溝型地震はマグニチュード八クラスで、内陸直下型地震よりも大きい。関東地震は一〇万人の死者を生んで、日本最大になってしまった。

このうち元禄関東地震のほうが関東地震よりも地震としては大きく、小田原では津波による大被害が出たほか、海から二キロメートルも離れている鎌倉の鶴岡八幡宮も二の鳥居まで津波に襲われた。関東地震のときは、ここまでは津波は来なかった。

元禄関東地震のマグニチュードは関東地震（マグニチュード七・九）を超えた八・一〜八・二くらいだったと考えられている。元禄関東地震での死者は六七〇〇人で、壊れたり、津波で流された家は二万八〇〇〇軒にも達した。

内陸直下型地震は繰り返しが分からないが、海溝型地震は繰り返す。元禄関東地震、関東地震と繰り返してきた地震も、あと一〇〇年ほどは起こるまいと思われていたが、東北地方太平洋沖地震が基盤岩を動かしてしまった影響で、時期が早まるかもしれないと思われはじめている。

このほかに、日本のどこでも起きる可能性がある内陸直下型地震がある。首都圏の地下でももちろん起きるし、いままでも一八五五年の安政江戸地震のように、大きな内陸直下型地震が起きてきた。安政江戸地震は、日本で最大の被害を生んだ内陸直下型地震である。

内陸直下型地震はプレートとプレートの直接の衝突ではなく、衝突によってプレートがゆがんだりねじれたりすることで起きる。日本が載っているプレートがゆがんだりねじれたりして起きる地震だ。日本が載っているプレートとは、東日本では北米プレート、西日本ではユーラシアプレートという大陸プレートである。そこに太平洋側から押して来ているのが、東日本では太平洋プレート、西日本ではフィリピン海プレートという海洋プレートである。

日本は「地震」列島なのである。

●首都圏はどういう状況にあるのだろう

江戸時代から現在までの首都圏の地震活動を見わたすと、不思議なことに関東地震以来の九〇年間は異常に静かだったことが分かる。

じつは元禄関東地震のあとも、一八世紀には、約七〇年間、静かな期間が続いた。そして現在、一九二三年の関東地震のあとの不思議な静けさが続いている。いまの地震学では、大きな海溝型地震が起きたあとなにが起きるのかわかっていないが、現象としては二度繰り返されている。

この一世紀の間の日本は、それ以前に比べて「静か」すぎるのである。

阪神・淡路大震災（一九九五年）や東日本の太平洋岸沖で起きた東日本大震災（二〇一一年）などはあったものの、首都圏に限れば、一九二三年に起きた関東地震以来、大被害を生んだ地震はない。

しかし述べてきたように、もともと首都圏は「地震が起きる理由」が多いところだ。つまり、日本のどこでも起きうる内陸直下型地震のほかに、足元で海溝型地震も起きる。

ところで、第二次大戦後、震度五を超える地震に一六回も遭ったという町がある。震度五以上の地震を日本一体験した町ということになる。北海道の襟裳《えりも》岬の近くにある浦河町である。

浦河に地震が多い理由は、約二〇〇〇万年前、北海道の東半分と西半分が別々の島だった歴史にまでさかのぼる。北海道東部の地形がのびやかで、西半分の景色とは違うのは、もともと別の島だったせいなのだ。

このため、浦河付近では太平洋沖で起きる「海溝型の大地震」のほかに、「日高山脈直下型の地震」も起きる。したがって、海溝型地震が目の前に起きる北海道東部の太平洋岸、釧路よりも地震が多い。

じつは東京(千代田区)は全国に地震計が整備された一九二二年以来、二〇〇九年までの間に、震度一の地震が三九九一回起きており、浦河の三五九二回よりも多い。

つまり東京は全国でも多いほうなのである。こうした小さい地震はプレートの活動の活発さを表し、いずれ起きる大地震も含めた平均的な地震活動を反映するバロメーターとなる。なお、二〇一一年に起きた東日本大震災(東北地方太平洋沖地震)の余震などで、東京(千代田区)の二〇一〇年代の地震発生回数はさらに跳ね上がった。

一九世紀以後だけでも一八五五年の安政江戸地震（マグニチュード七・一）は日本の内陸で起きた地震としては最大の一万人近くの死者を生んだ。その他一八九四年の明治東京地震（マグニチュード七・〇）では三一人、一八九五年の茨城県南部地震（マグニチュード七・二）は六人の死者をそれぞれ出した。一九二一年には茨城・竜ヶ崎地震（マグニチュード七・〇）、一九二二年には浦賀水道地震（マグニチュード六・八）も起きた。

江戸時代も、首都圏の地震は現在よりもはるかに多かった。一八世紀以降は、二四回ものマグニチュード六クラス以上の地震が起きていて、平均すれば六年に一度にもなる。

それが一九二三年の関東地震以来一転、首都圏直下の地震が不思議に少ない状態が続いている。前述のとおり、この九〇年間、東京千代田区で記録された震度五以上の地震は四回しかない。しかも、そのうち二回は首都圏直下ではなく、二〇一一年のマグニチュード九・〇の東日本大震災（東北地方太平洋沖地震）と二〇一四年五月の伊豆大島近海のマグニチュード六・〇の深発地震である。

この静かな状態がいつまでも続くことはありえない。東日本大震災によって首都圏は約九〇年間の静穏期間を終え、いわば「普通の」、つまりいままでより活発な地震活動に戻ると考えるのが地球物理学的には自然である。

私たち日本人は、火山やプレート活動の恩恵を受けているのと同時に、地震国・火山国に住む覚悟と知恵を持つべきであろう。

第9章　地球になにかすれば、地震が起きる

●地震を引き起こす人間の活動はさまざま

地震を引き起こす人間の活動はさまざまである。

二〇一七年に米国の科学雑誌に論文が載ったところでは、過去一五〇年の間に、人間の活動を原因とする地震が七二八ヶ所で起きた。大半は地震活動がほとんどなかった地域だったが、日本のようにふだんから地震が多いところではこの種の地震が区別できないことが多いから、実数はもっと多いだろう。

図らずも人間が起こしてしまったこれらの人造地震は、学問的には「誘発地震」という。

前に述べたように、この一〇年間だけでも、すでに世界各地一〇〇ヶ所以上の場所で起き

たことが知られている。

こうした人造地震の大半は、米国とカナダで報告されている。特に二〇〇九年以降、米国の中部および東部ではエネルギー産業の活動が引き起こしたと考えられる人造地震が急増し、その程度も深刻化している。これはもっぱら水圧破砕法のためだ。

もちろん水圧破砕法を原因とせずとも人造地震は引き起こされる。廃液の地下投棄やダムのほか、鉱山、地熱利用、石油掘削、原油や天然ガスの採取、地下核爆発、二酸化炭素の地下圧入などが挙げられる。

世界中の人造地震の原因のうち、最も多いのは資源の採掘だ。地中から資源を取り出すことによって安定性が失われ、あるとき突然崩壊して地震が引き起こされる。

近年、鉱石や石炭の採掘は大規模化している。採掘坑はますます大きくなり、地下深くへ伸びている。

ダムの建設も、分かっているだけで、これまでに一六七ヶ所の現場で地震を引き起こしている。しかも地震の大きさは、数ある人造地震の規模の中でも群を抜いて大きい。

今後は、その使用の増加にともなって、水圧破砕法による人造地震が増えるだろう。いままでよりもずっと大きな人造地震が起きるかも知れない。

人造地震については、まだ研究が進んでいない面が多い。第2章で紹介した通り、ヒマラヤ地方では高さ二〇〇メートルを超える高いダムを含む、どのダムでも地震は発生していない。どこのどういうダムで地震が起きるのかは、まだほとんどわかっていないのだ。また、第6章で紹介した米国テキサス州のコッジェル油田よりも二酸化炭素の注入量が多いにもかかわらず、地震との関連性が指摘されていない油田も多い。

●米国コロラド州に始まった反水圧破砕法の攻防

米国コロラド州では、水圧破砕法に対する新しい規制をめぐっての攻防が始まっている。二〇一八年に行われた住民投票に州全体の反水圧破砕法の法案を含めたのだ。

この「住民投票事項112」では、企業が新たな油井を掘削するときには、住宅や学校、河川、その他の「脆弱」と指定される地域から最低二五〇〇フィート（七六二メートル）の距離をとることを義務付けた。これは現行のコロラド州規制の、二・五倍から五倍の距離である。

この法案は前例のない規模の取り組みで、産油量の大きな同州の郡の土地の九五パーセントで新たな油井を禁止することになる。

石油業界の経営者たちはもちろん反対していて、「住民投票事項112」と同じような法案がコロラド州以外にも拡がることを恐れている。

業界は「住民投票事項112」の打倒を図る一方、水圧破砕法のような産業を規制する地方自治体を土地所有者が告訴できるようにする憲法修正提案を住民投票議案に加えることを画策している。このために、業界では、すでに多額の金を動かしている。

●人間の活動が、蓄積された力を解き放つ「最後の一撃」に

いままでにわかっている「人造地震」の原因には、ダム開発、鉱山開発、地熱利用、石油掘削、原油や天然ガスの採取、地下核爆発、水圧破砕法の使用などがある。

つまり、人間が地下でなにかをすれば、それが地震の引き金を引いてしまうことがあるのだ。地球に対して人間が行う事業はすべて、地殻の活動に影響を及ぼして人造地震を起こしうるといってもいい。

人間の活動がいままでにない方面で活発になるにつれて、これからも人為的な地震は世

界中で増加していくに違いない。

人間が引き起こす地震は、起きてしまえば自然地震と似ているが、過去に地震活動がほとんど、あるいはまったくない地域で見つかることが多い。逆に言えば、過去から地震活動がある日本などでは見つからない。

自然地震の大半は、プレートが衝突する場所に多い。しかし人間の活動が原因の地震は、プレートの境界から遠く離れた場所でも起きることがある。

また、人間の活動が、蓄積された力を解き放つ最後の一撃になることもある。八万人以上の死者・行方不明者を出した二〇〇八年の中国・四川大地震（マグニチュード七・九）や、一万人近い死者を出し、現在も復旧が進んでいない二〇一五年のネパール大地震（マグニチュード七・八）も人為的な地震だったという。

前述の二〇一七年一〇月付けの学術誌『Seismological Research Letters』に発表された、英国ダーラムの地球物理学者マイルズ・ウィルソン氏らの研究が、四川大地震やネパール大地震を人為的な地震として報告しているのだ。人間が地震活動に影響を及ぼす例があることは以前から知られていたものの、マグニチュード七・九という大地震も引き起こしたという発表は、他の研究者らを驚かせた。

図⑱　2008年に起きて80,000人以上が死亡した中国・四川大地震の惨状。マグニチュードは7.9だった。（出典：Wikipedia）

この研究によると、四川大地震は近くの紫坪埔ダムに当時貯えられていた三億二〇〇〇万トンという莫大な重量の水が引き金になったと考えられている。なお、四川大地震では、ダムから五キロメートルしか離れていなかった。なお紫坪埔ダムの堤頂部に亀裂が生まれて、緊急放流が行われている。

この二つの地震は、インド大陸を載せたインド亜大陸が、ユーラシアプレートに衝突したあとも北上を続けているために起きた地震だと考えられている。地震のエネルギーは、こうしたメカニズムによってすでに溜まっていたのだが、その引き金を引いてしまったのが人間である可能性がないわけではない。

また、時間差の問題もある。人間の活動が原因になって人造地震が起きるまでには、時間がかかる。特にいまの人間のスケールでは長時間かかることがある。

第2章で述べたように、エジプト・アスワンダムでは、ダム完成後もすぐには地震が起きず、二〇年近くもたってから比較的大きな地震が起きた。北朝鮮による核爆発も、「原因」がなくなった後も人造地震を起こしている。しかし、地球が生まれてから今日まで四六億年たっていることを考えれば、数ヶ月や数年は十分短いのだ。

このほか、地球に物理的な変化を起こさなくても、地中に電流を流すことによっても地震が誘発されるという実験結果もある。

旧ソ連がキルギスの天山山脈で、二・八キロアンペアという強い電流を一〇〇回以上地下に流し込む実験を行ったところ、その約二日後から地震が増え、数日のうちに収まるという現象が起きたことが報告されている。電流も人造地震を起こすのである。

●知らないで活断層を掘り抜いた丹那トンネル

新幹線や東海道本線と違って、静岡から東京へ向かう東名高速道路は、まっすぐ東京へ伸びているわけではない。沼津から左へ大きく迂回して、御殿場経由で大井松田へ抜けている。

私たち地球科学者は、いつも、ここを通るたびに、特別な感情に浸る。それは、この道が、日本列島の歴史上、最後に日本列島に衝突した島の海岸線をなぞっているからなのである。

その事件は、約五〇万年前に起きた。私たち人類の時間のスケールから見ると、途方もなく昔のように思えるが、四六億年の地球の歴史を一日に換算すれば、この島の衝突は今からたった九秒前のことなのである。

その島はいま、伊豆半島と呼ばれている。この島が南の方からプレートに載って運ばれてきて日本列島に衝突し、勢い余って本州にかなり深くまでめり込んだ。このプレートは、現在も繰り返し東海地震を起こしている。こうして、押された本州側には皺がよった。ハイカーや登山者が楽しんでいる丹沢山塊は、地球の皺なのである。いまでも、昔の海岸線が残っているこのあたりだけは、周りよりも平らで標高も低いから、よく目立つ。

平らで標高も低いことは、鉄道や道を通すために大事な条件だった。こうして、丹那トンネルが開通するまでは唯一の東海道線だったＪＲの御殿場線も、国道二四六号線と名づけられた国道も、東名高速道路も、この昔の海岸線に作られることになったのである。

じつは、一八八九年に御殿場線が開通したときはもちろん、一九六九年に全通した東名高速道路が造られたときでさえ、ここが大昔の海岸線だったことは知られていなかった。

御殿場線経由だと大阪まで時間がかかりすぎる。このため、伊豆半島でトンネルを掘り抜く工事が行われた。丹那トンネルである。

丹那トンネルの工事は、丹那断層という活断層を掘り抜くものだった。もともとは戦前の高速鉄道計画である弾丸列車計画に基づくものだったが、第二次世界大戦で中断していた。

吉村昭の小説『闇を裂く道』にあるように、この工事は想像を絶する難事業だった。何度もの落盤事故で六七人もが犠牲になった。七年の予定だった工事は、足かけ一六年もかかって、一九三四年にようやく終わった。七八〇四メートルの長さを誇り、完成当時は清水トンネルに次ぐ日本第二位の長さで、鉄道用複線トンネルとしては日本最長だった。

工事の途中には芦ノ湖の水量の三倍にもなる大量の出水があり、トンネルから一六〇メートルも上にある盆地に渇水と不作の被害をもたらした。このため、わさび農家など農民らによる一揆も起きた。

新幹線が通る新丹那トンネルは、東海道本線の丹那トンネルの五〇メートル北側に掘られて、一九六四年に開通した。長さは七九五九メートルある。丹那トンネルの工事のときのような大きな崩壊事故は発生しなかったものの、この工事でも二一人の犠牲者が出た。

この新丹那トンネルは、新幹線だと約二分で通り抜けてしまう。外が見えないから、居眠りをしていたり、読書をしている人が多い。

しかし私たち地球科学者は、心中穏やかではない。このトンネルは、時速三〇〇キロメートル近い速さの列車が活断層を突っ切って走っているという、世界でもまれな場所だからである。

北伊豆地震は丹那トンネルが起こした？

丹那トンネルの難工事が続いているときに、大地震まで起きた。工事中の一九三〇年に起きた北伊豆地震（マグニチュード七・三）は、阪神・淡路大震災を起こした地震なみの大きさの内陸直下型地震で、掘削中のトンネルが三メートル近くも左右に食い違ってしまった。死者・行方不明者を二七二人も出した大地震だった。

この地震のときに、熱海側（東側）の地面が函南側（西側）に対して北へ二・七メートルも移動した。このずれのため、もともとは直線でトンネルを掘り進む予定だったが、掘り直すことになって、S字型に修正された。

この北伊豆地震は、もしかしたら、トンネルの掘削工事が起こした人造地震かも知れない。この工事が地震を起こすことは、世界の例から見ても考えられないことではないからだ。

トンネルを掘っているときには知られていなかったが、この丹那断層はA級の活断層である。過去に数百回の地震を起こしながら、食い違いを蓄積してきている。だから、この

図⑲　丹那断層の活断層調査。写真に見られるトレンチ法という精密な手法で調べられた。この活断層の地下を丹那トンネルが突っ切っている。＝島村英紀撮影

辺の山も谷も、すでに一キロも南北に食い違っている。丹那トンネルの工事の最中に起きた、一九三〇年の北伊豆地震もその数百回のうちの一回だった。

この地震は地上にも食い違いを残した。いまは天然記念物になって看板を立てて保存されている丹那断層である。活断層ゆえに、トンネルを掘り抜くにも、破砕帯が多く、岩は崩れやすく、地下水もそこに集中していて当然だったのだ。

この活断層の調査は一九八〇年代に行われ、かつての地震のあとが二、三見つかった。このことから活断層が地震を起こす周期が七〇〇年～一〇〇〇年だと分かった。仮に周期が等間隔ならば、次の地震発生はかなり先にな

る。次の大地震がいつ起きるかまったく分からない場所が多い日本では、これらのトンネルは、相対的には安全なところなのだ。

しかし活断層は、いずれは必ず活動して次の地震を起こすだろう。そのときに丹那トンネルも、新丹那トンネルも、ふたたび二～三メートルは食い違うに違いない。

逆に言えば、伊豆に限らず、日本列島全体は、それほど不安定なところにあると言うべきなのである。分かっているだけでも、日本には二〇〇〇もの活断層がある。

いま工事が行われているリニア新幹線は東京名古屋間のほとんどはトンネルで通す。トンネルの割合は八五パーセントにも達するのだ。いまの東京新大阪間の新幹線で一三パーセント、東北新幹線や上越新幹線で約三〇パーセント、山陽新幹線は五一パーセントだから、群を抜いて高い。

いま、東京名古屋間で掘り進められているリニア新幹線はいくつもの活断層を掘り抜くことが分かっている。分かっている活断層以外でも分かっていない活断層も多いし、そもそもリニア新幹線には深いトンネル工事が必要だ。

掘削工事や、開通後に地震が起きなければいいのだが、と地球物理学者は思う。

第10章 「人工地震」は「人造地震」とは違う

●「爆破」して地球を覗く

この本で取り上げてきた「人造地震」は、私たちの学問、「人工地震」とは違うものだ。「人工地震」は「爆破地震学」とも言われているが、二つとも地震学では定着している言葉だ。

その「爆破地震学」が、警察をピリピリさせたことがある。

私の仲間の一人が、東京の電車の中で手帳を落とした。誰かの手を経て届けられた手帳に、警察は青くなった。「爆破予定」や「爆破薬量」が書いてあったからである。手帳の持ち主の交友関係や背後関係などを、だいぶ調べたらしい。

そう、この私たちの学問は、日本語に限らず、それぞれの国の言葉で「爆破地震学」と言われている。これは、人工的に地震を起こすことで、地球の中を探る学問である。英語だとexplosion seismologyという。

X線も電波も、地球の中を通ることはできない。だから、地球の中を探るためには、地震の波を使うのがいちばん有効なのである。地震の波であれば、地球の中をどこでも突き抜けることができる。

たとえば、スイカの熟れ具合を確かめるために叩いて音を聞く。これは人工地震そのものだ。また、先年、新幹線のトンネルや道路のトンネルの壁が落ちたとき、ハンマーで壁を叩く検査が行われた。これも人工地震そのものなのである。

人工地震の原理は、身体のレントゲンを撮るのに似ている。X線源が人工地震で、地球のあちこちに置いた地震計がレントゲンフィルムである。

といっても、人工地震で起こる地震の波は、地震に比べるとずっと弱いので、地球の反対側に突き抜けることはできない。地震の場合には、マグニチュード五クラスであっても、日本に起きた地震をドイツの地震計で捉えることができる。このため、人工地震では、ある程度の深さまで地球の中に潜っていった波が、ふたたび地球の表面まで戻って来る屈折波という波を捕まえることで、潜っていった深さまでの地下構造を調べることが行われている。

私たちが毎年行っているような、普通程度の規模の人工地震では、地下数キロメートルから五〇〜六〇キロメートルまでの深さが研究される。

人工的な地震を起こすのには、火薬を使うことが多い。本当に「爆破」をやるのである。小さいものでは一〇〇グラムから数キログラムほどを使用するが、前にやった世界最大規模のときには、より深いところまで研究するために何トンという火薬を爆発させた。もちろん魚や海獣たちに影響のない方法と時期に行う。

陸上でも井戸を掘って、その井戸の底で爆破を行うことがある。近くの人にはズシン、という振動は感じられるが、井戸には水が詰められているから、そこから岩が飛び出すことはない。

こうして、普通の人はふだん使わない「爆破」という言葉が、ごく日常的に使われているのが、私たちの研究なのである。

●制御震源地震学という名前

しかし近頃では、この人工地震の震源として、火薬のほかに、エアガンという圧搾空気を使った「大砲」を使うことが増えた。この震源は、第一に火薬よりも安全だし、出す地震波の振幅や波形をコントロールしやすいので、次第に増えつつある。

また近年、何トンもある巨大な鉄のオモリを振り回して地面をゆすぶるという新顔の機械もロシアと西ヨーロッパで作られた。何千回も、何万回もゆすぶり続けることで、同じ地震の波を繰り返し送り出すことが、この機械の狙いである。この機械でごく弱い地震の波を次々に重ね合わせることによって、震源から何百キロメートルと離れたところであっても人工地震による検知ができるようになった。

このように震源が多様化したため、いままで広く使っていた「爆破地震学」という名前も、最近では「制御震源地震学」という言葉に置き換わりつつある。英語では controlled source seismology である。しかし、言葉の響きが悪いせいか、いまだに爆破地震学の名前が使われる機会が多い。

しかも、これら新顔の震源の強さは、火薬にはかなわないのだ。やや深い地下構造を研究するためには、依然として火薬が必要なのである。

私たちは一九八〇年代の終わりから毎年、日本の海底地震計を持っていって北大西洋で人工地震をやってきた。

大西洋は、約一億年前に大陸が割れたことで誕生して、次第に開いていった。そしてヨーロッパ大陸と北アメリカ大陸とは年に二センチメートルという速さで次第に離れていったのである。

しかし、離れ始めたところにどんな地下構造を持った大陸があったのか、分かっていない。大西洋が割れ始めたときに、海底からマグマが流れ出して、広く海底をカバーしてしまったからである。自然が行った証拠隠滅である。洪水で溢れた水のような形で覆ってしまったため、洪水玄武岩と言われている。

じつは、私たちの用いる人工地震の方法とは別に、海底で石油を探すために開発された反射法という人工地震の方法がある。これは、エアガンとストリーマーという長い水中マイクロホンを曳航しながら船で地下を探っていく方法だ。同じ地球の中に潜っていって帰ってきた地震の波だが、こちらは人工地震の真下の地層から反射して帰って来た波を利用する。海底下、せいぜい数キロメートルの浅い地下構造を精密に調べるのに適している。この手法は海底の石油探査に広く世界中で使われている。

しかし、海底を硬い溶岩がカバーしてしまった場所では、この反射法でその下を覗くことは原理的にできない。硬い岩ですべての地震波が反射してしまうからである。

私たちが行った、海底地震計を使った人工地震ではじめて、その溶岩の下にある、大西洋が二つに割ってしまった昔の大陸を「見る」ことができたのである。

これは、大西洋が、なぜそこから割れ始めたか、割れ始めたときに何が起こったのか、というナゾを調べ上げていくための研究のひとつなのである。

● 世界のほとんどの地震学者は「爆破地震学」者

じつは、世界の地震学者の九割以上が、地球の内部を調べることにかかわっている。それゆえ、地震が起きない国にも多数の地震学者がいるのである。

私は、自然に起きる地震(自然地震という)と爆破地震学の両方にかかわっているが、これはむしろ珍しい。日本の地震学者のほとんどは、自然地震だけを相手にしているので、世界の趨勢とは異なるのだ。

私はこの、地球の内部を調べる国際学会、ＣＣＳＳ（制御地震学国際学会）の委員長を務めたことがある。一九八三年から一九八九年のことだ。今に至るまで、日本人として唯一のことである。

いつか、東京に世界各国の地震学者が集まって、国際的な地震学会が開かれたことがあった。そのとき、夜中にちょっとした地震があったのだ。日本人なら、ちょっとびっくりしても、ああ地震かという程度の地震で、震度三くらいだった。

しかし、各国の地震学者は飛び起きたのだ。廊下へ出てきて、あれはなんだ、という騒ぎになった。

以前、私の大学に滞在していた米国の地震学の教授は、海底地震学が専門だった。彼は、日本に来ていた間、ひそかに待っていたことがある。生まれて始めて地震を体験することだ。

そして「運よく」震度二くらいの地震を体験したのだった。「国へ帰ってからおばあちゃんに話すおみやげができた」と喜んでいたほどだ。

たしかに、もし私たちが、竜巻というものを生まれてから一度も見たことがない民族だったら、ちょっぴり楽しみにして、待っているかもしれない。その米国人の教授にしても、恐いもの見たさ半分、好奇心半分の気持ちだったのだろう。

米国の子供向けに書かれた地震の本では、地震を知らない子供たちに、地震とはどんなものか、と説明するところから始まる。地震が来ると地面が揺れて、ときには建物が壊れて……といった、日本人にはわかりきったことが説明してあるのだ。

生まれてから一度も地震を体験したことがない子供は世界中に大勢いる。この本で取り上げてきた、人生で初めて地震被害に遭った各国の人たちもそうだ。それゆえ、地震を知らない地震学者も多い。世界では地震が起きない国のほうが多いのだ。

ドイツもフランスもイギリスもめったに地震は起きないし、ロシアの大部分でも地震は起きない。英国では数年前、日本でいえば震度一くらいの小さな有感地震がクリスマスに起きて、大ニュースになったほどだ。

いったい、地震を知らなくて地震学者がつとまるのだろうか。動物を見たこともない動物学者のようなものではないだろうか。

しかし、そうではない。たとえその国で地震が起きなくても、地震学という学問は地球の内部を調べるための大事な手段なのである。地震の波は、電波も光も通ることができない地球の中を自由自在に通っていくから、地球の中のことを調べて運んできてくれる有能なレポーターなのだ。

したがって、地震が起きなくても、地震学がさかんで地震学者がいる国は多い。彼らは、地震そのものに興味はない。地震や人工地震から出た地震波が地球の中をどう伝わっていくか、ということだけに興味があるのだ。

しかし近年では、いままでは地震が起きなかったところでも、人間の活動によって引き起こされた地震が経験されている。人工地震だけを相手にしていた国の科学者も、変わるかも知れない。

後書き

人間のさまざまな活動が地震を起こすことについて書いてきた。

この種の人間活動は、往々にして、人類や地球の未来を救う「期待の星」であることが多い。二酸化炭素の回収貯留実験（ＣＣＳ）も、地熱発電も、シェールガスも、いわば期待の星である。

特にＣＣＳは地球温暖化対策として、大気中の二酸化炭素を地下に貯留するもので、地球温暖化対策の切り札とも言われている。また、化石燃料を使った火力発電だと、資源の枯渇と二酸化炭素を大量に排出する問題があるために、再生可能エネルギーを使おうという趨勢になっている。その再生可能エネルギーのうち、昼夜とか天候に左右されない安定した発電が地熱発電である。これからとくに日本で増えるだろう。

水力発電や人類の食糧を支えるダムもそうだ。化石燃料の枯渇を救う水力発電や、食糧の確保によって人類の未来を担う農業用のダムも期待の星だった。

そして、シェールガスやシェールオイルの採掘。これは、従来の化石燃料の枯渇を救って、今までになかった資源が得られるという意味で画期的だった。

だが、これらはいずれも、図らずも地震を起こしているのだ。

さまざまな人造地震が世界各地に起きているにもかかわらず、日本だけに人造地震が起きない理由はあるまい。しかし、この本に書いたように、日本ではその研究も進んでいないし、それゆえ対策もない。

ＣＣＳは日本各地の沿岸や東京湾その他でも実施する計画があるほか、現在工事が進められているリニア中央新幹線計画についても、トンネルの掘削の段階、あるいは開通後に地震を起こす可能性が危惧されている。シェールオイルも日本での試掘が行われ始めている。

また、石油などの化石資源が少ない日本では、メタンハイドレート採掘にも期待が高まっている。日本近海は世界有数のメタンハイドレート埋蔵量を持つといわれている。メタンハイドレートは深海底にあり、「燃える氷」と言われているものだ。これから産業として始まるかもしれない新燃料、メタンハイドレート採掘も、もしかしたら地震を起こすかもしれない。

現実を直視しないで、将来の希望はない。意図とは違って地震を起こしてしまう事実を明らかにすることによって、はじめて次の段階に進むことができるのだろう。

この本が、陰謀論とは明確に一線を画した、科学的知見に基づく本になることを著者としては望みたい。

この本を書くことを薦めてくださり、終始励ましてくださった花伝社・平田勝社長に深い感謝を捧げます。また、編集者としてこの本の編集に努力してくださった大澤茉実さんに感謝します。

島村英紀（しまむら・ひでき）
武蔵野学院大学特任教授。1941年東京生。東京教育大付属高卒。東大理学部卒。東大大学院修了。理学博士。東大助手、北海道大学教授、北海道大学地震火山研究観測センター長、国立極地研究所長などを歴任。専門は地球物理学（地震学）。2013年5月から『夕刊フジ』に『警戒せよ！生死を分ける地震の基礎知識』を毎週連載中。
主な著書に、『完全解説　日本の火山噴火』（2017年、秀和システム）、『富士山大爆発のすべて——いつ噴火してもおかしくない』（2016年、花伝社）、『地震と火山の基礎知識——生死を分ける60話』（2015年、花伝社）、『火山入門——日本誕生から破局噴火まで』（2015年、NHK出版新書）、『油断大敵！ 生死を分ける地震の基礎知識60』（2013年、花伝社）、『人はなぜ御用学者になるのか——地震と原発』（2013年、花伝社）、『直下型地震——どう備えるか』（2012年、花伝社）『日本人が知りたい巨大地震の疑問50——東北地方太平洋沖地震の原因から首都圏大地震の予測まで』（2011年、サイエンス・アイ新書）、『巨大地震はなぜ起きる——これだけは知っておこう』（2011年、花伝社）、『「地球温暖化」ってなに？科学と政治の舞台裏』（2010年、彰国社）、『「地震予知」はウソだらけ』（2008年、講談社文庫）。以上一般向け。
『新・地震をさぐる』（2014年、さえら書房）、『地球環境のしくみ』（2008年、さえら書房）。『地震と火山の島国——極北アイスランドで考えたこと』（2001年、岩波書店・ジュニア新書）で産経児童出版文化賞を受賞。『地球がわかる50話』（1994年、岩波書店・ジュニア新書）は1997年度から2005年度まで一部を中学校国語の教科書（教育出版）に掲載。『深海にもぐる』（1987年、国土社）はのちに文庫化（てのり文庫）、1990年度から1996年度まで一部を中学校国語の教科書（東京書籍）に掲載。以上高校生以下のこども向け。

・海外学術調査や国際学会などで渡航歴は80回（うちアイスランドは13回）。合計した海外滞在日数は約1750日。
・研究での航海歴は97回（海底地震観測、海底地球物理学研究）：合計乗船日数は955日。地球をほぼ12周したことになる。
・講談社出版文化賞、産経児童出版文化賞、日本科学読物賞をそれぞれ受賞。
・ポーランド科学アカデミー終身会員

多発する人造地震——人間が引き起こす地震

2019年５月25日　初版第１刷発行
2024年３月１日　初版第２刷発行

著者 ——— 島村英紀
発行者 —— 平田　勝
発行 ——— 花伝社
発売 ——— 共栄書房
〒101-0065　東京都千代田区西神田2-5-11出版輸送ビル2F
電話　03-3263-3813
FAX　03-3239-8272
E-mail　info@kadensha.net
URL　https://www.kadensha.net
振替 ———00140-6-59661
装幀 ——— 生沼伸子
印刷・製本— 中央精版印刷株式会社

ISBN978-4-7634-0887-7 C0044